花蜜《かみつ》と花粉《かふん》を集めるはたらきバチ。
後ろ肢《あし》に花粉《かふん》だんごをつけている。

中央にいる大きな個体《こたい》が女王バチ。まわりに
いるのがはたらきバチ。

白い液体《えきたい》は女王バチを育てる
ためのローヤルゼリー。栄養価《えいようか》に
すぐれ、健康食品として利用されている。

ニホンミツバチは「熱殺蜂球《ねっさつほうきゅう》」というかたまりをつくり、天敵《てんてき》のオオスズメバチを熱で殺《ころ》す。

ミツバチはもとの巣を出て「分蜂蜂球《ぶんぽうほうきゅう》」をつくり、新しい巣をさがしてうつる。

栄養豊富《ほうふ》なハチミツ。昔は薬や防腐剤《ぼうふざい》としても使われた。

命がけでおこなわれるネパールのハチミツ採《と》り。

もしもミツバチが世界から消えてしまったら

有沢重雄［著］
中村純［監修］

旬報社

はじめに

一夜でミツバチがいなくなってしまう

２００６年秋、アメリカで、養蜂家《ようほうか》が飼育《しいく》するミツバチに奇妙《きみょう》な現象《げんしょう》が発生しました。巣に女王、幼虫《ようちゅう》、ハチミツを残したまま、一夜にしてはたらきバチが消えてしまったのです。しかもふしぎなことに、ハチたちの死がいは、巣の中どころか巣のまわりにも見つからないのです。

養蜂家《ようほうか》や研究者は、たちの悪いダニではないかとか、農薬にさらされたからではないかなど、いろいろと原因《げんいん》をさがしました。この現象《げんしょう》は、蜂群崩壊症候群《ほうぐんほうかいしょうこうぐん》（Colony Collapse Disorder = ＣＣＤ）と呼《よ》ばれるようになりました。ＣＣＤではないかと疑《うたが》われた、ミツバチが大量にいなくなる現象《げんしょう》は、ヨーロッパ各地、カナダ、アジア、南アメリカでも発生したことが報道《ほうどう》されました。

それ以後、インターネットニュースや新聞で、「アメリカでは毎年30パーセントのミツバチのコロニー*が減少《げんしょう》…」「ヨーロッパではイギリス28・8パーセント、ベルギー33・6パーセント、デンマーク20・2パーセントのコロニーが失われた（2012〜2013年）」、「ブラジルでは3か月で5億匹《ひき》のミツバチが死亡《しぼう》（2019年）」といった内容《ないよう》の記事が配信されています。

こうした記事を読むと、ミツバチのことが心配になってきます。本当に、ミツバチがいなくなってしまうことってあるのでしょうか。

*コロニー＝ミツバチの群れ

ミツバチのことを知らない

身近な生き物なのに、じつはわたしたちは、ミツバチのことをあまりくわしくは知らないというのが本当のところです。

ひと口にミツバチといいますが、日本には2種いるのを知っていますか。ヨーロッパ原産のセイヨウミツバチと、アジア原産で日本在来種《ざいらいしゅ》のニホンミツバチです。養蜂業《ようほうぎょう》に使われるのは、ほとんどがセイヨウミツバチです。

ああミツバチのことかと、新聞やテレビのニュースでときどき話題になるのが、分蜂《ぶんぽう》です。春～初夏、もとの巣の女王とはたらきバチの半分が巣を分けて、新しい巣をさがすとき、一時的に木の枝《えだ》や軒下《のきした》、ときには信号機にかたまってとまっている現象《げんしょう》です。数時間、長くて3日ほどで新天地を見つけて移動《いどう》するのですが、ハチは怖《こわ》いとおもいこんでいる人たちが通《つう》報《ほう》して、殺虫剤《さっちゅうざい》で駆除《くじょ》されてしまうこともあります。

ミツバチについて知らないことから起きてしまう、とてもざんねんなことです。

分蜂《ぶんぽう》されると、一時的に巣が小さくなるので、セイヨウミツバチは、養蜂家《ようほうか》が分蜂《ぶんぽう》させないようにしたり、分蜂《ぶんぽう》を新しい巣箱《すばこ》にみちびいて巣を増《ふ》やすようにしたりコントロールしますが、近年では一般《いっぱん》の人が趣味《しゅみ》で養蜂《ようほう》をやり、経験《けいけん》不足や知識《ちしき》不足から分蜂《ぶんぽう》をそのままにしてしまったり、野生・半野生のニホンミツバチの分蜂《ぶんぽう》が都市部で目撃《もくげき》されることがおおくなっています。

スズメバチやアシナガバチのなかまのイメージが強いせいか、ハチというと刺《さ》す、とおもいこんでいる人もいますが、もともとミツバチは温和な性質《せいしつ》で、巣に近づきすぎたり、手で追いはらったりしないかぎり、人を刺《さ》すことはあまりありません。まして、分蜂《ぶんぽう》の最中はもとの巣からはなれているので、攻撃《こうげき》的になることはあまりないでしょう。

ミツバチといえばハチミツだが

ミツバチの恩恵《おんけい》といえばハチミツ、それから健康食品のローヤルゼリー、ロウソクやクレヨンの材料である蜜《みつ》ろうなどでしょうか。一般《いっぱん》的にミツバチがあたえてくれるものといえば、これらのミツバチの生産物しかおもい浮《う》かべませんね。

ところが、ミツバチは、それ以上の恵《めぐ》みを知らないうちに、人間にあたえつづけてくれていたのです。

それは、ミツバチの農作物に対する貢献《こうけん》です。ミツバチ類をふくむ昆虫《こんちゅう》による野菜や果樹《かじゅ》などの受粉《じゅふん》は、世界で莫《ばく》大《だい》な経済的価値《けいざいてきかち》を生み出してくれていることがわかってきました。

よくいわれることですが、農作物をつくっていて、土壌《どじょう》や水、天気の心配はしても、ミツバチたちのこと心配することはないのが現実《げんじつ》です。豊《ゆた》かな自然やほどよく管理された雑木林《ぞうきばやし》が失われつつある現代《げんだい》でも、自然はいつもだまって面倒《めんどう》を見てくれて、当たり前のように実りをあたえてくれると、わたしたちはおもいこんでいます。

知らないものは守れない

大きな恵《めぐ》みをあたえてくれるミツバチなのに、ミツバチの暮《く》らしはおろか、どれだけの恵《めぐ》みをもらっているか、わたしたちはほとんど知らずにいるのです。

遠いアフリカでアフリカゾウが絶滅《ぜつめつ》しそうになっていると聞くと、心配をします。それはアフリカゾウという動物がいて、アフリカの自然になくてはならない生き物であることを知っているからです。

でも日本でスジゲンゴロウが絶滅《ぜつめつ》してしまったと聞いても、へえそうだったのと、ほとんど関心をもたれることはないのではないのでしょうか。スジゲンゴロウが、どれだけほかの生き物とかかわりを持ち、自然環境《かんきょう》の一員として重要だったか理解《りかい》することもなく。

知らないものを守ることはできないのです。知っている生き物でも、その生き物がどのようにわたしたちのいる環境《かんきょう》にかかわっているか知らないと、守らなければという意識《いしき》は生まれません。

現代《げんだい》は、虫ぎらいの時代だそうです。土地が宅地化《たくち》されて整備《せいび》され、自然とのつながりがますますなくなっています。家屋は密閉性《みっぺいせい》が高まり、家の中に虫が入ってくることもむかしほどはなくなりました。

虫は刺《さ》したり、病気をもたらしたりするなどの経験《けいけん》から、むかしから人間は本能的《ほんのう》にさける傾向《けいこう》がありましたが、知らないことでよけいに不気味な存在《そんざい》となっています。

生き物を知らないことや、虫ぎらいの傾向《けいこう》は、人間にとって本当はとてもたいせつな存在《そんざい》である生き物をなくしてしまうことになり、最終的には人間の生活の足もとをゆるがすことになるのではないでしょうか。

ミツバチは、人間と手をたずさえてほぼ世界中に生息地を広げてきました。生き物にとって生息地を広げるというのは、結果として繁栄《はんえい》を勝ち得《え》たことになります。ミツバチが生き物としてタフな上に、人間に恵《めぐ》みをもたらすことで共に生きてきたからです。

　ではミツバチのいまは、どうなのでしょうか。自然が急速になくなってきて、花蜜《かみつ》や花粉《かふん》を集める木や草がへりつづけたり、農薬による被害《ひがい》にあったりするなど、ミツバチを取り巻《ま》く環境《かんきょう》はそれほどよくないようです。インターネットや新聞の記事のように、ミツバチは衰《おとろ》えていて、ゆくゆくはいなくなってしまうのでしょうか。人間にとってもっとも身近な昆虫《こんちゅう》であるミツバチが衰《おとろ》えるということは、人知れずたくさんの昆虫《こんちゅう》や生き物がすがたを消しているはずです。

　いちばんよくないことは、ミツバチたちにたいする理解《りかい》のなさ、そして無関心です。

＊この本では、セイヨウミツバチとかニホンミツバチというように表記しないかぎり、「ミツバチ」とは、ミツバチ全般《ぜんぱん》、あるいはセイヨウミツバチのことを指します。

［もくじ］

はじめに

一夜でミツバチがいなくなってしまう……003
ミツバチのことを知らない……005
ミツバチといえばハチミツだが……007
知らないものは守れない……008

1 ミツバチと人間の出会い

ハチの起源《きげん》……020

ミツバチ属《ぞく》のハチ……023
命がけのハチミツ採集《さいしゅう》……026
〈古代のハチミツ採取《さいしゅ》〉……026
〈現代《げんだい》のハチミツ採集《さいしゅう》〉……029
ミツオシエという鳥……031
ミツバチを手元に置く……034
古代エジプトの養蜂《ようほう》……036
養蜂技術《ようほうぎじゅつ》の革命《かくめい》……042
日本における養蜂《ようほう》の始まり……046
日本での現在《げんざい》の養蜂《ようほう》……050
〈養蜂《ようほう》のふたつの形態《けいたい》〉……052
コラム 養蜂《ようほう》で使われたセイヨウミツバチ……049

2 ミツバチという生き物

コロニーのメンバー……057

〈女王バチ〉……059

〈オスバチ〉……060

〈はたらきバチ〉……060

・巣の掃除《そうじ》 ・育児 ・女王バチの世話

・巣房《すぼう》づくり ・ハチミツをつくる

・花粉《かふん》詰《づ》め ・巣門《すもん》を守る ・採餌《さいじ》

セイヨウミツバチの繁殖《はんしょく》……072

〈新女王が生まれる〉……073

〈オスバチが生まれる〉……075

〈結婚《けっこん》飛行〉……075

〈分蜂《ぶんぽう》〉……077

3 ミツバチの生産物

ハチミツ……080

〈単花蜜《たんかみつ》と百花蜜《ひゃっかみつ》〉……082

〈甘味《かんみ》・万能薬《ばんのうやく》として利用〉……082

花粉《かふん》だんご ハチパン……085

ローヤルゼリー……087

蜜《みつ》ろう……090

プロポリス……095

4 もうひとつのミツバチの恵《めぐ》み

知らないうちに受粉《じゅふん》……100
植物は受粉《じゅふん》することで繁栄《はんえい》……102
求められる受粉能力《じゅふんのうりょく》……105
ポリネーターとしてすぐれたミツバチ……108
ミツバチのイチゴの受粉《じゅふん》……115
受粉《じゅふん》サービスとハチミツの価格《かかく》……117
ミツバチなどのポリネーターがもたらす経済《けいざい》的価値《かち》……120
コラム ニホンミツバチの熱殺蜂球《ねっさつほうきゅう》……113

5 ミツバチを取り巻《ま》く危機《きき》

CCDという現象《げんしょう》……126

ミツバチを直接《ちょくせつ》おびやかす寄生虫《きせいちゅう》や病気など……129
〈ミツバチヘギイタダニ〉……130
〈アカリンダニ〉……133
〈腐蛆《ふそ》病〉……134
〈ノゼマ病〉……135
〈チョーク病〉……136
〈農薬・殺虫剤《さっちゅうざい》〉……137
・農薬ネオニコチノイド
・ネオニコチノイド規制《きせい》の動き
・日本での農薬被害《ひがい》
ミツバチをさらにおびやかす危機《きき》……145
〈自然環境《かんきょう》の悪化〉……145
〈ストレス〉……148

6 ミツバチはへっているのか

ミツバチがいなくなることってあるの？……152

ミツバチは増《ふ》えている！……156

ミツバチを助けよう……161

〈適正《てきせい》な飼養《しよう》管理で寄生虫《きせいちゅう》・病気を防《ふせ》ぐ〉……161

〈農薬の被害《ひがい》をさける〉……163

〈蜜源《みつげん》をもっと豊《ゆた》かに〉……165

ますます注目されるミツバチ……172

ミツバチの環境適応《かんきょうてきおう》力……176

変わらずにある危機《きき》……178

コラム 注目される新しいポリネーター……168

もくじイラスト：Bigstock

1 ミツバチと人間の出会い

ハチの起源《きげん》

ハチのなかまは、知られているだけで約15万種います。これは全昆虫《こんちゅう》の約16パーセントを占《し》めています。

ハチのなかまが誕生《たんじょう》したのは、2億8000万年以上前とされます。地球の地《ち》質《しつ》時代の区分で、ペルム紀《き》と呼《よ》ばれ、シダ植物のほかに、イチョウやソテツのような裸子《らし》植物が地上をおおい、は虫類や恐竜《きょうりゅう》・鳥類の祖先《そせん》である双弓類《そうきゅうるい》、わたしたちほ乳類《にゅうるい》の祖先《そせん》である単弓類《たんきゅうるい》が歩きまわる時代でした。昆虫《こんちゅう》による植物の葉の食害が化石でわかっていて、すでに昆虫《こんちゅう》と植物の深いかかわりが始まっていたようで、ハチの祖先《そせん》もそのような生き物のひとつであったはずです。

ハチのなかまのうち、ミツバチの属《ぞく》するハナバチのグループは約2万種いて、約1億3000万～1億2500万年前に、クモやほかの昆虫《こんちゅう》をおそって幼虫《ようちゅう》の食べ物にするカリバチの一種（アナバチ類）から分かれて、食べ物として花の蜜《みつ》や花粉《ふん》を集めるグループとして進化しました。

さらに、花粉《かふん》を効率《こうりつ》よく集めるために、花粉《かふん》かごを後ろ肢《あし》に発達させたなかまも登場しました。花を咲《さ》かせて繁殖《はんしょく》する顕花《けんか》植物が登場した時期に当たり、ハナバチ類は植物の受粉《じゅふん》を請《う》け負うかわりに、花蜜《かみつ》や花粉《かふん》をもらい、おたがいに繁栄《はんえい》をしてきました。ハナバチ類が花粉《かふん》を運ぶのに適《てき》した体を進化させてきたことが、後に述《の》べるように、わたしたちの生活に深くかかわるようになる重要な要因《よういん》のひとつだったことがわかります。

ミツバチ類は、これらのハナバチの中から、約4000万～3500万年前にインド・ヨーロッパ地域《ちいき》で誕生《たんじょう》したと考えられています。そのうちヨーロッパに広がった系統《けいとう》は絶滅《ぜつめつ》し、アジアに広がった系統《けいとう》が、現《げん》在《ざい》のミツバチ類につながっていったと考えられています。

●ミツバチのなかまの系統

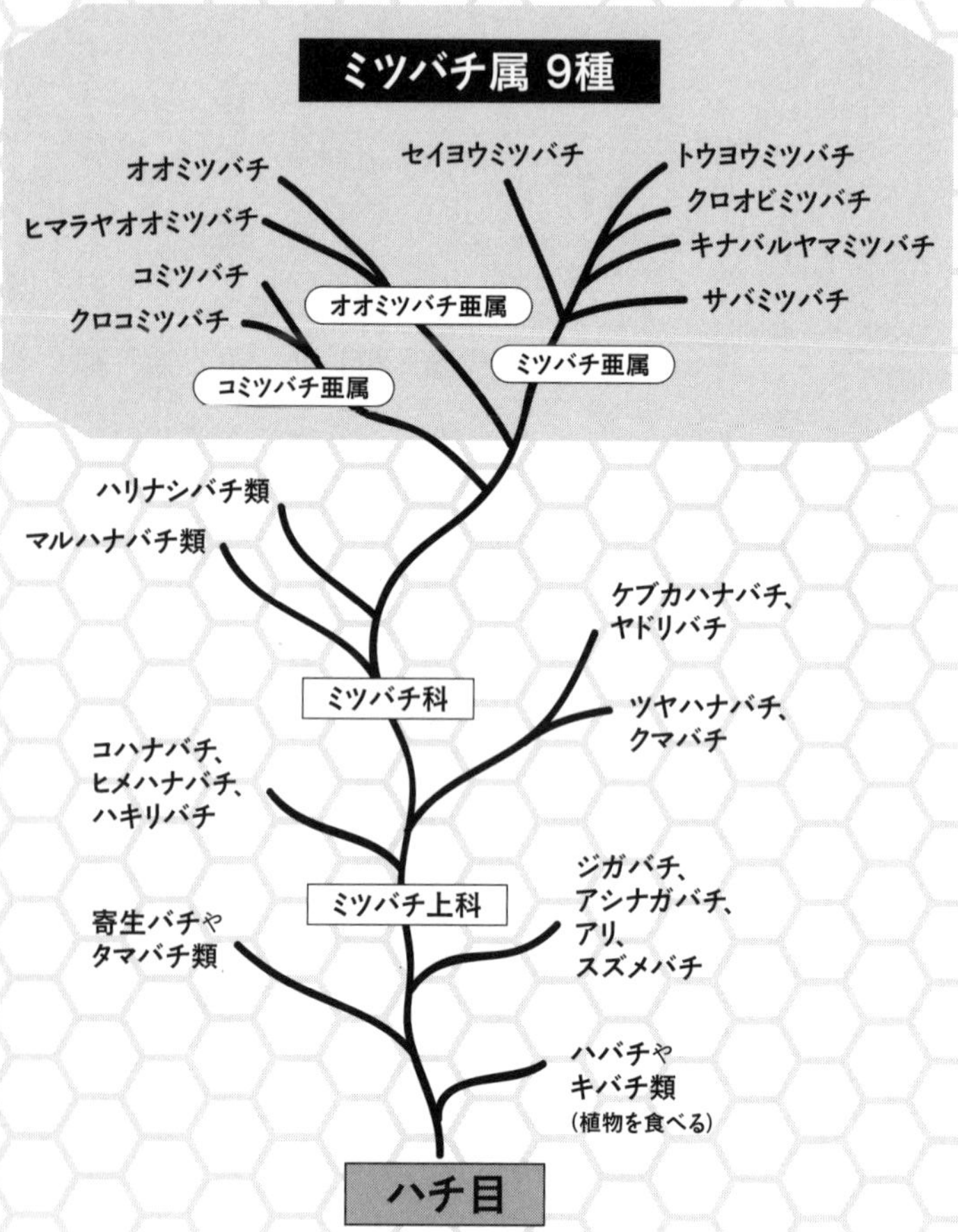

出所:「ハチ目の中でのミツバチの位置づけと関係性」養蜂の科学 より改変

つまり、アジアのミツバチ類のうち、トウヨウミツバチとの共通祖先《そせん》からセイヨウミツバチの祖先《そせん》が分かれ、西方に分布《ぶんぷ》を広げ、東ヨーロッパ、西ヨーロッパ、アフリカに到達《とうたつ》し、分化していったと考えられています。

ミツバチ属《ぞく》のハチ

ミツバチとは、ミツバチ科ミツバチ属《ぞく》にふくまれるハチを指す総称《そうしょう》で、現生種《げんせいしゅ》は世界にわずか3亜属《あぞく》9種しかいません。

コミツバチ亜属《あぞく》のミツバチは木の枝《えだ》、オオミツバチ亜属《あぞく》のミツバチは、木の枝《えだ》や岩のかべなど、どちらも開けたところに巣をかまえ、卵《たまご》、幼虫《ようちゅう》、さなぎの部屋、ハチミツ、花粉《かふん》の部屋がならぶ板状《いたじょう》の巣（巣板《すばん》）は1枚《まい》です。

◆ミツバチの分布

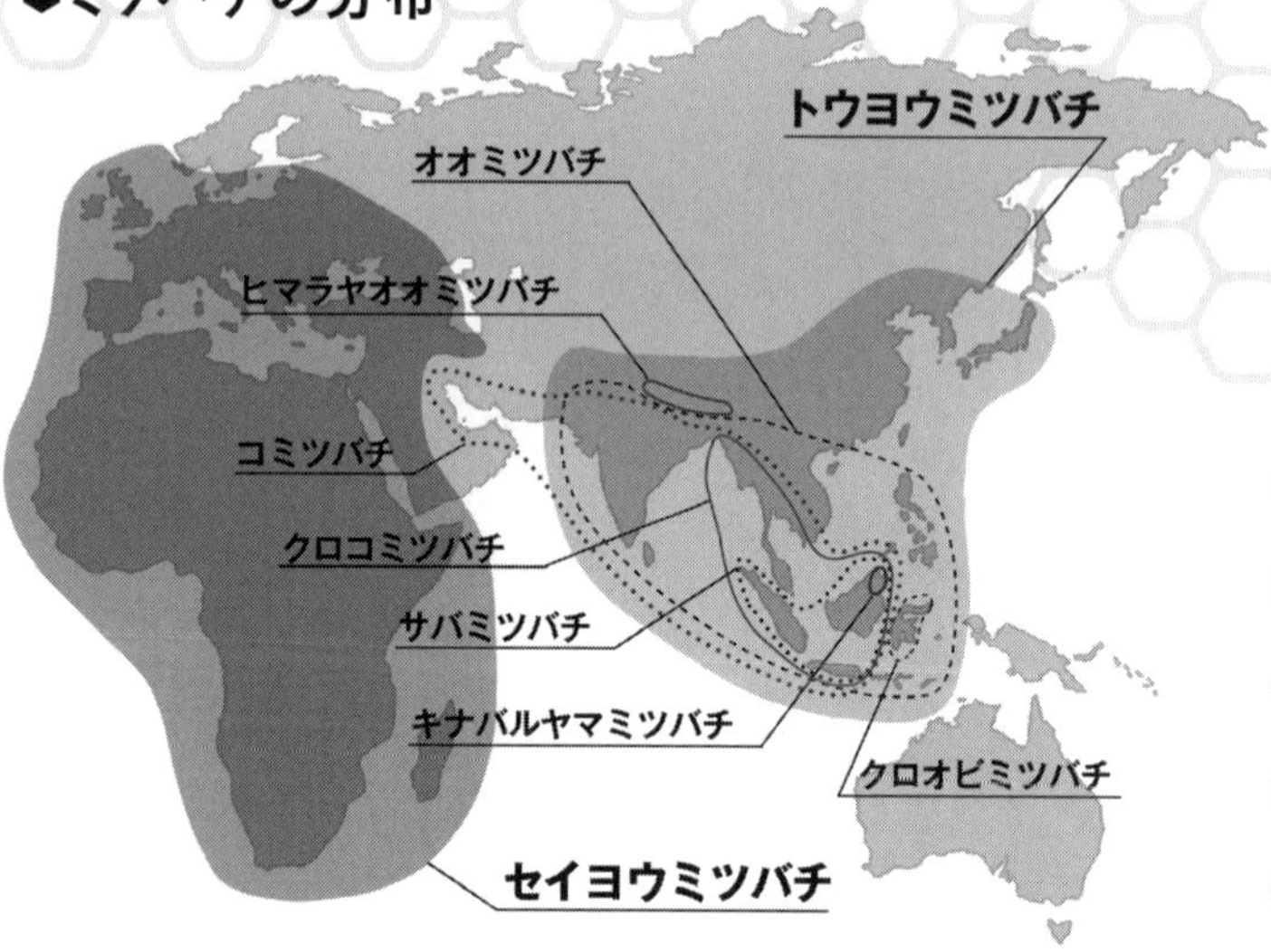

出所：玉川大学ミツバチ科学研究センター

一方、ミツバチ亜属《あぞく》のミツバチは、木の洞《ほら》、土中の木の根がつくる空間などの閉《と》じたところに巣をかまえ、巣板《すばん》は複数《ふくすう》つくります。

わたしたちになじみの深いニホンミツバチは、ミツバチ亜属《あぞく》のうちのトウヨウミツバチの亜種《あしゅ》です。

どの種も、数千～数万匹《びき》というメンバーがいるコロニーをつくって、社会生活を営《いとな》みます。コロニーのメンバーは、コロニーを維持《いじ》するために分業をします。女王バチとオスバチは繁殖《はんしょく》という仕事だけをやり、そのほかのはたらきバチ（すべてメス）は、繁殖《はんしょく》をせず、花蜜《かみつ》や花粉《かふん》、水の収集《しゅうしゅう》、卵《たまご》や幼虫《ようちゅう》たちの世話、巣の維持《いじ》などの仕事をします。

また、ミツバチのとても近い親せきであるマルハナバチ類は、越冬《えっとう》するのは女王バチだけで、越冬《えっとう》した女王バチは翌年《よくとし》、あらたに巣をかまえてコロニーをつくりますが、ミツバチはオスバチをのぞき、おおくのメンバーが協力しながら越冬《えっとう》します。

越冬《えっとう》にあたって、ミツバチのコロニーでは、新たに幼虫《ようちゅう》を育てることをやめ、女王バチと越冬《えっとう》はたらきバチが、体を密着《みっちゃく》させて巣の中央でかたまりをつくります。女王バチを中心に置き、はたらきバチは翅《はね》の筋肉《きんにく》をふるわせて体温を上げることで、まわりの温度を上げて寒さをしのぎます。筋肉《きんにく》をふるわせるためのエネルギー源《げん》が、貯《たくわ》えたハチミツです。

複数《ふくすう》の巣板《すばん》をかまえ、幼虫《ようちゅう》をふくむたくさんのメンバーが生きていくために、花蜜《かみつ》から製造《せいぞう》したハチミツを大量に貯蔵《ちょぞう》することこそが、人間とミツバチたちを近づけたもっとも大きな理由なのです。

命がけのハチミツ採集《さいしゅう》

〈古代のハチミツ採集《さいしゅう》〉

スペイン東部・バレンシア地方のビコルプ村にあるアラーニャ洞窟《どうくつ》で、壁画《へきが》が発見されました。約8000~9000年前のものとされ、ハチミツを採集《さいしゅう》している様子が岩の壁《かべ》に描《えが》かれています。

断崖《だんがい》につたのようなロープを下ろし、そのロープにとりつきながら、女性《じょせい》、あるいはひっつめ髪《がみ》のような男性《だんせい》がかごを片手《かたて》に、崖《がけ》のミツバチの巣に手をのばそ

アラーニャの洞窟《どうくつ》に描《えが》かれた採《さい》蜜《みつ》をする人物。まわりをミツバチが飛びまわっている。

うとしています。その人物のまわりには、怒《いか》り狂《くる》ったたくさんのミツバチが、巣を守ろうと飛びまわっています。ハチに刺《さ》されて足をすべらせようものなら、命はありません。

いまでこそ精製《せいせい》された砂糖《さとう》、メープルシロップ、キシリトール、ステビアなど、いろいろな甘《あま》いものがありますが、壁画《へきが》を描《か》いた人たちが生きていた時代、甘《あま》いものといえば野生の果物（もちろん品種改良された芸術品《げいじゅつひん》のような現代《げんだい》の果物ではない）か、インド～東南アジアだったら、サトウキビのしぼり汁《じる》くらいだったでしょう。それらは、黄金色をしたハチミツの深い味にかなうわけがありません。ハチミツをあらわす英語はHoney（ハニー）。Honeyは愛しい人とか、かわいい人という意味でも使われます。身をとろけさせるほど、ハチミツは魅惑《みわく》的なものだということです。

ハチミツは、単に甘味《かんみ》だけで人をひき付けたわけではありません。現代《げんだい》とはちがい、さまざまな薬がない時代、きず、やけど、カゼ、セキ、炎症《えんしょう》など、あらゆる病に効《き》き、けっして腐《くさ》ることがない神秘《しんぴ》の薬でもあったのです。

ミツバチの巣は、ハチミツのほかにも、幼虫《ようちゅう》、さなぎ、巣の材料である蜜《みつ》ろうもあたえてくれる自然からの贈《おく》り物、人間が命をかけてでも手に入れたいものだったのです。

〈現代《げんだい》のハチミツ採集《さいしゅう》〉

現在《げんざい》でもインド、ヒマラヤ、東南アジア、アフリカなど、世界の各地で野生ミツバチのハチミツ採集《さいしゅう》がおこなわれています。

ヒマラヤ山脈《さんみゃく》があるネパールの村では、アラーニャ洞窟《どうくつ》に描《えが》かれた壁画《へきが》とおなじような方法で、村人がハチミツを採集《さいしゅう》しています。

この野生ミツバチは、ヒマラヤオオミツバチです。体はニホンミツバチの2倍ほど大きく、直径が1メートルにもなる半円形の巣を、数十メートルもの高さがある断崖《だんがい》の岩かべにつくります。

村人のハチミツハンターは、断崖《だんがい》に下ろした縄ばしごにつかまり、巣の側《そば》で生木に火をつけて、煙《けむり》でいぶします。威《い》かくのために、はたらきバチが巣をはなれたタイミングで、巣の下にかごをかまえてから、先のとがった長い木の棒《ぼう》で、巣を切り落とします。煙《けむり》で感覚がにぶっているとはいえ、数万匹《びき》にもなる体の大きなハチの攻撃《こうげき》の中で、まさに命が

ネパールでの採蜜《さいみつ》。ヒマラヤオオミツバチは、巣板を開放空間につくる（半円形のものが巣板）。

けの採集《さいしゅう》作業です。

ヒマラヤオオミツバチのハチミツは、わたしたちがよく知っているとろりとした黄金色のハチミツではなく、やや色が濃《こ》いのが特徴《とくちょう》です。ヒマラヤの山岳《さんがく》地帯には、栄養《えいよう》価《か》と薬用成分をふくむ薬草が咲《さ》き、ヒマラヤオオミツバチはそれらの花蜜《かみつ》と花粉《かふん》を集めているのです。世界のハチミツとおなじように、現地《げんち》では甘味《かんみ》というより、医者がいないとき、むしろ貴重《きちょう》な薬としてハチミツは利用されてきました。

ハチミツ採集《さいしゅう》の前に、村人たちは土地の神

様に採集《さいしゅう》の安全と、ミツバチたちに対する感謝《かんしゃ》の気持ちをこめて、肉、花、果物などをそなえて祈《いの》りを捧《ささ》げるといいます。命を落とすかもしれないハチミツ採集《さいしゅう》は、その地の長から認《みと》められた一族が、代々《だいだい》技術《ぎじゅつ》や伝統《でんとう》の儀式《ぎしき》を受け継《つ》ぐ高貴《こうき》な仕事でありつづけました。そこには、恵《めぐ》みをくれるミツバチに対する感謝《かんしゃ》と畏怖《いふ》の念があります。壁画《へきが》を描《か》いた古代人もきっとそうだったはずです。

ミツオシエという鳥

人類が、野生のミツバチの巣からハチミツを採集《さいしゅう》するようになったのは、いつからで、どんなきっかけだったのでしょうか。壁画《へきが》が描《か》かれたより、ずっと以前であったのは確《たし》かでしょう。

アフリカにミツオシエという、全長20センチくらいで、ツバメよりすこし大きい鳥がいます。ミツオシエのなかまは、ミツバチのたまご、幼虫《ようちゅう》、さなぎ、蜜《みつ》ろうが好きで、ミツバチの巣をよく見つけることができます。でも自分で巣をこわして、幼虫《ようちゅう》や蜜《みつ》ろうをとることができません。そこでミツオシエは鳴きながら、ラーテルというアナグマのなかまを巣に導《みちび》きます。ラーテルは、小動物、鳥、果実などなんでも食べる雑食性《ざっしょくせい》で、とくにハチミツが大好物です。

ノドグロミツオシエは、甲高《かんだか》い声でミツバチの巣のありかを教える。

ラーテルは、ミツオシエに教えられた巣をこわして、ハチミツにありつき、ミツオシエはミツバチの巣のありかを教えるかわりに、幼虫《ようちゅう》や蜜《みつ》ろうを食べることができます。

ラーテルはミツアナグマとも呼《よ》ばれ、ミツバチが大好物だ。

何万年もむかし、人間の祖先《そせん》は、こうした野生の生き物たちの様子を見ていて、ふしぎにおもって後をつけ、ミツバチの巣にあるハチミツの存在《そんざい》を知ったのかもしれません。

現代《げんだい》でも、アフリカのモザンビークにすむヤオ族のハチミツハンターは、のどをふるわせて、ノドグロミツオシエという鳥に特別な音の合図を送り、ミツバチの巣まで案内をさせます。

養蜂家《ようほうか》がミツバチに刺《さ》されないように、煙《けむり》でいぶしておとなしくさせるのとまったくおなじように、ヤオ族のハンターは、生木を燃《も》やして煙《けむり》を出しながら、木のうろなどにつくられた巣を、ツルハシや斧《おの》で取り出します。ノドグロミツオシエは案内したごほうびに、ハチの巣を分けてもらいます。

ミツオシエのような、ありがたい生き物がいない地域《ちいき》では、動物性《どうぶつせい》たんぱくを得《え》るための生き物さがしが、ハチミツとの出会いのきっかけとなったかもしれません。

ミツバチを手元に置く

野生のミツバチの巣から、ハチミツを取るのは命がけでした。人類が狩猟採集《しゅりょうさいしゅう》生活から定住生活をするようになると、ミツバチの巣を住居《じゅうきょ》の近くに置いて安全に養蜂《ようほう》を始めるようになることは、ごく自然なことでした。現在《げんざい》、世界で行われている養蜂《ようほう》に使われているミツバチのほとんどはセイヨウミツバチで、巣を人間の生活の場近くに誘《さそ》い込《こ》むのに都合のよい習性《しゅうせい》をもっています。

春が過《す》ぎ、初夏をむかえるころ、ミツバチのコロニーでは新しい女王バチが誕生《たんじょう》します。新女王バチが羽化する前になると、これまでの女王バチは、はたらきバチのおよそ半分とともに巣を出て、新天地に移《うつ》ります。この習性《しゅうせい》を分蜂《ぶんぽう》といい、分蜂《ぶんぽう》をすることが自分たち一族の繁栄《はんえい》につながるのです。

分蜂《ぶんぽう》はいきなり新天地に向かうのではなく、元の巣の近くにある木の枝《えだ》などに、いったんとまってかたまりをつくります。このかたまりを分蜂蜂球《ぶんぽうほうきゅう》といいます。分蜂《ぶんぽう》のとき、偵察担当《ていさつたんとう》のはたらきバチがあちこちに飛行をくり返して、いくつかの候補地《こうほち》をさがし、そのうちの最適《さいてき》な箇所《かしょ》を決定します。

養蜂《ようほう》にチャレンジした古代の人々《ひとびと》は、この分蜂《ぶんぽう》を利用して、野生のセイヨウミツバチを誘導《ゆうどう》したはずです。

分蜂《ぶんぽう》をする習性《しゅうせい》にくわえて、セイヨウミツバチは、木の洞《ほら》や岩の割《わ》れ目などの閉《と》じられた空間に巣をつくる習性《しゅうせい》があり、このことがセイヨウミツバチを手元に誘導《ゆうどう》することを可能《かのう》にしたといえるでしょう。分蜂《ぶんぽう》の季節が来たら、小さな出入口を設《もう》けた、適度《てきど》な大きさの人工の巣箱《すばこ》をいくつか置いておけば、偵察《ていさつ》バチがやってきて、気に入ってくれれば、そこに巣をかまえてくれるというわけです。

古代エジプトの養蜂《ようほう》

養蜂《ようほう》が行われていただろうことを示《しめ》す遺跡《いせき》は、エジプトで発見されています。紀元《きげん》前２４００年ごろ、古代エジプトを治めた第5王朝・第6代国王ニ・ウセル・ラーの太陽神殿《しんでん》に、養蜂《ようほう》・ハチミツを保存《ほぞん》するようすを描《えが》いたレリーフが残されています（次ページ）。

左はしの人物はひざまずいて、巣箱《すばこ》からハチミツを取り出し、その右にいる3人はかめにハチミツを注いでいます。まん中の人物はレリーフが欠落していますが、となりにはミツバチが描《えが》かれています。そしてその右には、ひざまずいた人物がかめに封印《ふういん》をしていて、頭の上の棚《たな》には2つの封印《ふういん》されたかめが置かれています。これらのかめには、ハチミツやハチミツを発酵《はっこう》させた酒を保存《ほぞん》していたのかもしれません。

古代エジプトでは、ミツバチは神聖《しんせい》な存在《そんざい》とされ、象形文字《しょうけいもじ》（ヒエログリフ）の王の名前の横に、王位の紋章《もんしょう》としてミツバチのすがたが描《えが》かれています。というのも、ハチミツは甘味《かんみ》として使うだけではなく、酒の醸造《じょうぞう》、きずややけどなどの万能薬《ばんのうやく》、死者の保存《ほぞん》など、特別な使い方をしていた貴重《きちょう》なもので、おおくのハチミツを得《え》るには、養蜂《ようほう》をするしかありませんでした。

時代は下り、地域《ちいき》もちがいますが、はっきりと養蜂場《ようほうじょう》とわか

古代エジプトでのハチミツを保存《ほぞん》する様子を描《えが》いたレリーフ。

る遺跡《いせき》が発見されています。

　イスラエルの北部テルレホブの都市遺跡《いせき》で発見された養蜂場《ようほうじょう》の跡《あと》は、紀元前《きげんぜん》10～9世紀《せいき》のものです。粘土《ねんど》とわらでつくられた円筒形《えんとうけい》の巣箱《すばこ》（直径約40×長さ約80センチ）が整然と3段《だん》に積まれた状態《じょうたい》で、１００個《こ》以上が発掘《はっくつ》されました。巣箱《すばこ》の閉《と》じられたはしには小さな穴《あな》があり、ミツバチが出入りできるようになっていました。もう一方のはしには取り外しができる粘土《ねんど》のふたがついていて、ふたを外して巣板《すばん》を取り出し、ハチミツを採集《さいしゅう》しました。１００万匹《びき》のミツバチが、養蜂場《ようほうじょう》で飼養《しよう》されていたとかんがえられています。

養蜂《ようほう》はこれらの遺跡《いせき》の時代より、ずっとはやくから始まっていたのかもしれません。紀元《きげん》前7200〜6000年ごろに栄えたパレスチナの古代エリコの寺院遺跡《いせき》から、天日干《ぼ》しの粘土《ねんど》でつくられたハチの巣が発掘《はっくつ》されたり、紀元《きげん》前7000〜6300年ごろのトルコのチャタル・ヒュユクという集落遺跡《いせき》で、数百のつぼの残留物《ざんりゅうぶつ》が蜜《みつ》ろうだと同定されたりしているからです。

古代エジプトのすぐれた養蜂技術《ようほうぎじゅつ》は、交易《こうえき》や地域《ちいき》の紛争《ふんそう》、戦争などをとおして人が交流することで、中東、トルコ、ギリシャ、ローマへと伝わっていきました。

ギリシャでは養蜂《ようほう》が発展《はってん》し、紀元《きげん》前4世紀《せいき》、哲学者《てつがくしゃ》のアリストテレスは、ミツバチを科学的に観察・研究をし、その知識《ちしき》は『動物誌《し》』としてまとめられています。アリストテレスの弟子でもあった、マケドニア王のアレクサンドロス3世は、東方遠征《えんせい》でギリシャ、エジプトからインドまで広がる大帝国《ていこく》を築《きず》きました。アレクサンドロス3世は、紀元《きげん》前323年にバビロン（現在《げんざい》のイラクにあった古代都市）で死亡《しぼう》し、遺体《いたい》は遺言《ゆいごん》により、黄金の棺《ひつぎ》に満たされたハチミツに漬《つ》けて防腐《ぼうふ》され、アレクサンドリア（エジプト）まで運ばれました。大量のハチミツがひつようだったはずで、養蜂《ようほう》が盛《さか》んだったことが伺《うかが》い知れます。

また、ローマでは紀元《きげん》前1世紀《せいき》に、詩人のウェルギリウスの『農耕《のうこう》詩』や、哲《てつ》学《がく》・歴史学《れきしがく》・農学者のウァッロの『農業論《ろん》』といった著作《ちょさく》に、正確《せいかく》なミツバチの生《せい》態《たい》や養蜂技術《ようほうぎじゅつ》、蜜源植物《みつげんしょくぶつ》などの記述《きじゅつ》があり、養蜂業《ようほうぎょう》が成り立っていたことがわかります。

中国の養蜂《ようほう》はいつ始まったかは正確《せいかく》にはわかりませんが、紀元《きげん》前500年ごろ、春秋時代の政治家《せいじか》であり哲学者《てつがくしゃ》でもあった氾李《はんり》（ファン・リー）の著作《ちょさく》には、養蜂技《ようほうぎ》術《じゅつ》についての項目《こうもく》があり、木箱（木製《もくせい》の巣箱《すばこ》）の品質《ひんしつ》がハチミツの品質《ひんしつ》に影響《えいきょう》をあたえるとの記述《きじゅつ》があります。中国では、紀元《きげん》1～2世紀《せいき》には、養蜂《ようほう》はかなり盛《さか》んになっていたようです。

中央アメリカでは、紀元前《きげん》300年ごろ、独自《どくじ》に養蜂《ようほう》が始まりました。ただ、ここで利用されたのは、同じミツバチ科ではありますが、セイヨウミツバチなどとはちがうなかまのハリナシミツバチでした。文字通り針《はり》がない種で、人をさすことはありません。マヤやアステカの人々《ひとびと》は、ときにチョコレートの甘味《かんみ》をつけるのに、ハリナシミツバチのハチミツを使いました。

南アメリカにセイヨウミツバチを持ち込《こ》んだのは、スペイン人で1538年のことでした。

北アメリカには、1620年代以降《いこう》、ヨーロッパからの入植者が、セイヨウミツバチを東海岸に持ち込《こ》みました。入植者は家庭でミツバチの巣を置き、ハチミツと蜜《みつ》ろうを取りました。やがて、ミツバチは自然に、あるいは人の手で全土に広がり、1860年代には西海岸でも養蜂《ようほう》が行われるようになりました。

養蜂《ようほう》技術《ぎじゅつ》の革命《かくめい》

アメリカで、養蜂《ようほう》の技術《ぎじゅつ》に革新《かくしん》が起きたのは、1851年のことでした。

それまで養蜂《ようほう》に使われてきた人工巣は、巣の中のコロニーのいきおいや分蜂《ぶんぽう》の時期などを確《たし》かめたり、ハチミツを取ったりするときに、どうしてもこわさなければいけませんでした。アメリカの牧師《ぼくし》ロレンゾ・ラングストロスは、ミツバチの六角形の巣房《すぼう》がならぶ巣枠《すわく》を、ハチを殺《ころ》したり、巣をこわしたりすることなく取り出して、ハチミツや蜜《みつ》ろうを採取《さいしゅ》した後、再《さい》利用できる「可動枠《かどうわく》式巣箱」を発明しました。

木製《もくせい》の巣箱《すばこ》に、木の四角い巣枠《すわく》を数枚《すうまい》、6~10ミリ間隔《かんかく》で立てて設置《せっち》することで、巣房《すぼう》をつくる蜜《みつ》ろうが、巣枠《すわく》どうしや巣枠《すわく》と巣箱《すばこ》の壁《かべ》を接着させることなく、巣枠《すわく》を1枚《まい》ずつ取り出すことができるというわけです。

●ラングストロス式巣箱《すばこ》

この可動式《かどうしき》の巣箱《すばこ》は、ラングストロス式巣箱と呼ばれ、アメリカだけではなく、世界中に普及《ふきゅう》しました。ラングストロス式巣箱は、いくつかの改良がされてはいますが、基本《きほん》的なつくりはいまの養蜂《ようほう》で使われている巣箱《すばこ》でも変わりがありません。

可動式《かどうしき》の巣枠《すわく》を手に持っている。

ラングストロスは、養蜂技術《ようほうぎじゅつ》に革命《かくめい》をもたらしたということで、〝近代養蜂《ようほう》の父〟といわれています。

セイヨウミツバチにとっても、巣板《すばん》をつくりなおす労働から解《かい》放《ほう》された分、さらにハチミツを大量につくることができるようになりました。

養蜂技術《ようほうぎじゅつ》の革新《かくしん》はさらにつづきました。

1857年には、ドイツの大工であり養蜂家《ようほうか》のヨハネス・メーリングが、巣礎《すそ》を発明しました。これは巣の材料である蜜ろう《みつ》を六角形の模様《もよう》にプレスしたプレートを巣枠《すわく》に貼《は》ったもので、ミツバチがゼロから巣をつくる手間をはぶき、その分ハチミツの貯蔵《ちょぞう》をはやく始められるようにするための素材《そざい》です。メーリングの巣礎《すそ》は、のちにアメリカの養蜂家《ようほうか》サミュエル・ワグナーによって改良され、実用化されました。

1865年には、オーストリアの退役軍人《たいえき》で養蜂家《ようほうか》のフランツ・フルシュカが、採蜜用遠心分離機《さいみつ ぶんり》を発明しました。これによって、巣板《すばん》にたまったハチミツを、巣をこわすことなく効率的《こうりつ》に取り出すことができるようになりました。

1875年には、アメリカの養蜂家《ようほうか》モーゼス・クインビーによって、燻煙器《くんえん》が発明されました。木などを燃《も》やした煙《けむり》が、ハチを落ち着かせることはむかしからわかっていました。クインビーの燻煙器《くんえん》は、ブリキのバーナーにふいごがついています。木材、松葉、麻布《あさぬの》などをバーナーで燃《も》やし、ふいごで風を送ることで、火を出すことなく効率《こうりつ》的に熱くない煙《けむり》を出すことができるようになりました。

1850～1870年代のこうした画期的な発明で、養蜂《ようほう》技術《ぎじゅつ》が確立《かくりつ》され、世界に普及《ふきゅう》。飛躍《ひやく》的に産業としての養蜂《ようほう》が発展《はってん》しました。

日本における養蜂《ようほう》の始まり

養蜂《ようほう》と想像《そうぞう》されることについて、日本で初めて文字の資料《しりょう》にあらわされたのは「日本書紀《にほんしょき》」で、皇極《こうぎょく》2（643）年のことです。

百済《くだら》の太子余豊《よほう》、蜜蜂《みつばち》の房《ふさ》四枚《まい》をもって三輪山に放ち、養う。しかれどもついに蕃息《うまわ》らず

朝鮮《ちょうせん》半島の百済《くだら》の王子・余豊《よほう》が、奈良の三輪山でミツバチを放って養蜂《ようほう》をしようとしたが、うまくいかなかった――という内容《ないよう》です。「蕃息《はんそく》」は、さかんに増《ふ》えるという意味。このときのミツバチは、トウヨウミツバチ（おそらくニホンミツバチ）だったでしょう。

余豊《よほう》とは、百済《くだら》王朝の最後の王子で、百済《くだら》を日本が助ける代わりに、人質《ひとじち》として日本に来ていました。当時、百済《くだら》は勢力《せいりょく》を増《ま》す新羅《しらぎ》に圧迫《あっぱく》されていて、求めに応《おう》じて、日本は援軍《えんぐん》を送るものの663年に滅亡《めつぼう》しました。

ニホンミツバチのハチミツ採集《さいしゅう》は、地域《ちいき》を問わず行われていたようで、ハチミツはおもに薬用として、各地から朝廷《ちょうてい》へ献上《けんじょう》されていました。

ニホンミツバチの養蜂《ようほう》は、江戸《えど》時代にさかんになり、紀州《きしゅう》熊野（和歌山県）、芸州

(広島県)、土州(高知県)など、名産となっていた地方もあり、養蜂《ようほう》に関する書物も刊行《かんこう》されるようになりました。

セイヨウミツバチが日本に導入《どうにゅう》されたのは、1877(明治10)年のことで、アメリカからイタリア種のセイヨウミツバチを購入《こうにゅう》し、東京・新宿試験場で飼養《しよう》しました。その後、一度本州での飼養《しよう》はとだえましたが、小笠原《おがさわら》で飼養《しよう》されていたセイヨウミツバチを再移入《さいいにゅう》して復興《ふっこう》しました。以後、産業としての養蜂《ようほう》は、おもにセイヨウミツバチで、いまにいたっています。

セイヨウミツバチは、ミツバチのなかまの中で、もっともハチミツの生産量がおおく、飼養《しよう》化にも適《てき》していることが人間との接点《せってん》となり、さらに養蜂技《ようほうぎ》術《じゅつ》の進化で世界中に広がり、運ばれたさきで再《さい》野生化し、分布《ぶんぷ》を広げています。生き物にとって繁殖《はんしょく》に成功し、分布《ぶんぷ》を大きく広げることは種としての成功です。これは野生の生き物が、自然の状態《じょうたい》では、

ぜったいにできないことで、ミツバチは人間の力を借りながら
種としての成功を勝ち取ったともいえるのです。

養《よう》蜂《ほう》で使われたセイヨウミツバチ

養《よう》蜂《ほう》でさかんに使われるようになったのは、セイヨウミツバチの亜種《あしゅ》のひとつ、イタリア種です。このイタリア種は、スイスとの国境《こっきょう》近くの北イタリア地帯に生息していました。1840年代ごろ、ミツバチ研究者は、この亜種《あしゅ》はとくに温和で、人を刺《さ》すことはめったになく、ハチミツを大量につくり、繁殖力《はんしょくりょく》が旺盛《おうせい》であることを発見しました。イタリア種は、その後、世界中で受け入れられるようになりました。

現在《げんざい》の養《よう》蜂《ほう》で使われるセイヨウミツバチも、おおくがイタリア種の改良された系統《けいとう》です。

日本での現在《げんざい》の養蜂《ようほう》

日本にいるのは、セイヨウミツバチとニホンミツバチの2種です。おもに養蜂業《ようほうぎょう》に利用されているのはセイヨウミツバチです。氷河期《ひょうがき》を生き延《の》びてきただけあって、冬の寒さにも適応《てきおう》できていて、蜜《みつ》をおおく貯蔵《ちょぞう》したり、いったん巣をかまえると、すこしくらい環境《かんきょう》がわるくなっても巣をすてたりしないことが重宝《ちょうほう》されています。一方、ニホンミツバチは性質《せいしつ》は温和ですが、食べ物が少なくなったり、巣箱《すばこ》を何度も人間にのぞかれたりするなどのストレスを感じると、わりとすぐに巣をすてて移動《いどう》してしまいます。

養蜂《ようほう》で使われる巣箱《すばこ》は、おおくがラングストロス式を基本《きほん》としています。左ページの図の巣箱《すばこ》が基本《きほん》的なつくりで、中に取り外しのできる巣枠《すわく》を数枚《すうまい》~10数枚《すうまい》

●現在使われている巣箱《すばこ》の基本《きほん》

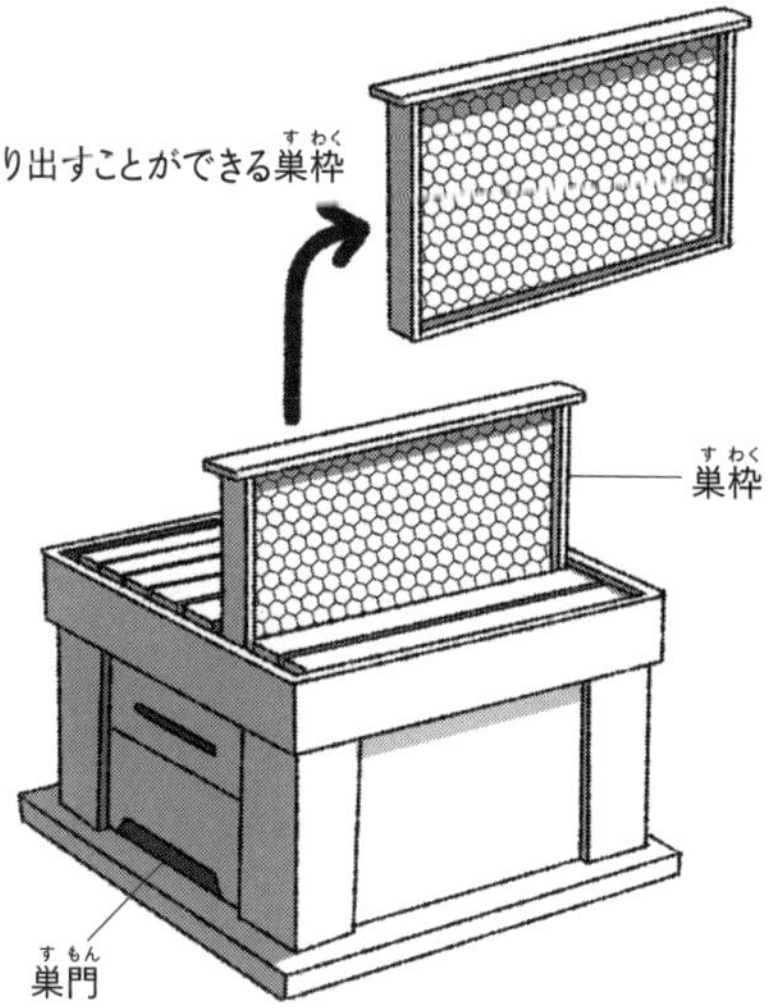

吊《つ》るすことができます。春以降《いこう》、巣のメンバーが増《ふ》えてくると、継箱《つぎばこ》といって巣箱《すばこ》をつぎ足して、2段《だん》、3段《だん》とします。

ミツバチたちがハチミツや花粉《かふん》を貯《た》めたり、卵《たまご》や幼虫《ようちゅう》やさなぎの部屋とする巣房《すぼう》をつくりやすいように、巣板《すばん》には巣礎《すそ》という六角形の人工の足場のようなものをつけます。巣礎《すそ》は、蜜《みつ》ろう、あるいは蜜《みつ》ろうに植物性《しょくぶつせい》や鉱物性《こうぶつせい》のろうをまぜたもの、またはプラスチックでつくられています。

巣板《すばん》の下のほうには卵《たまご》・幼虫《ようちゅう》・さなぎを育てる蜂児圏《ほうじけん》、それを取り巻《ま》くように花粉《かふん》を保存する花粉圏《かふんけん》、さらにその上のほうにハチミツを貯蔵《ちょぞう》する貯蔵圏《ちょぞうけん》があります（58ページの図）。繁殖期《はんしょくき》になると、一番下にたれ下がるように、新しい女王バチを育てる王台《おうだい》という部屋がつくられます。

〈養蜂《ようほう》のふたつの形態《けいたい》〉

養蜂《ようほう》には、ある一定の地域《ちいき》にとどまって巣箱《すばこ》を設置《せっち》して養蜂場《ようほうじょう》とする飼養法《しようほう》と、転飼《てんし》といって、季節の花の開花に応《おう》じて南から北へと巣箱《すばこ》を移動《いどう》したり、越冬《えっとう》のために南の地方に巣箱《すばこ》を移動《いどう》したりする飼養法《しようほう》があります。

そして養蜂経営《ようほうけいえい》には、ハチミツ、ローヤルゼリー、花粉《かふん》だんご、ハチパン、蜜《みつ》ろう、プロポリスなどを採集《さいしゅう》するのを主目的にする経営《けいえい》と、イチゴ、メロン、ウメ、オウトウ（サクランボ）、リンゴなどの花粉《かふん》交配用に、巣箱《すばこ》をレンタルしたり、販売《はんばい》したりするのを目的にする経営《けいえい》があります。もちろん両方をかねた経営《けいえい》もあります。

日本では、ミツバチに関する生産額《せいさんがく》72億7500万円のうち、ハチミツ・ローヤルゼリー・蜜《みつ》ろうの生産額《せいさんがく》は51億5700万円で、花粉《かふん》交配用ミツバチの販売《はんばい》・レンタル料は21億1800万円です（2022年）。花粉《かふん》交配用ミツバチの生産額《せいさんがく》は、30パーセント近くを占《し》め、年々増《ねんねんふ》えていっています。イチゴだと10〜20アールのハウスだと、1箱約1万匹《びき》の群れで、受粉《じゅふん》が可能《かのう》とされています。

2 ミツバチという生き物

ミツバチの生態《せいたい》について、日本ではあまりきちんと理解《りかい》されていないようです。女王バチが君臨《くんりん》し、女王バチに率《ひき》いられている集団《しゅうだん》だとか、テレビアニメの影響《えいきょう》からか、外を飛び、庭の花にきているミツバチがオスのハチだとおもいこんでいたり、刺《さ》すからこわいといって、スズメバチやアシナガバチのなかまと区別がついていなかったりすることもあります。

生き物との正しいつき合いは、相手のことをよく理解《りかい》することです。ミツバチについて、基本《きほん》を理解《りかい》しましょう。ここでは、おもにセイヨウミツバチについてのべます。

コロニーのメンバー

ミツバチの群れをコロニーといい、コロニーは巣をつくり、生活をします。コロニーのメンバーは繁殖《はんしょく》と労働を分け、さらに労働を細かく分業することで、進化をとげてきました。

自然状態《じょうたい》（野生状態《じょうたい》）の巣は、木の洞《ほら》や岩のすき間の空間に、天井から垂《た》れ下がるように板状《いたじょう》の巣（巣板《すばん》）をつくり、巣板《すばん》には六角形の巣房《すぼう》という小部屋がたくさん並《なら》んでいます。養蜂《ようほう》では、巣箱《すばこ》の中に、巣枠《すわく》という枠《わく》が数枚《すうまい》、垂直《すいちょく》に設置《せっち》されていて、それぞれの巣枠《すわく》に自然巣とおなじように巣房《すぼう》をミツバチがつくります。

巣房《すぼう》は子どもを育てる育児室であり、ハチミツや花粉《かふん》を貯《た》め

巣板《すばん》の様子

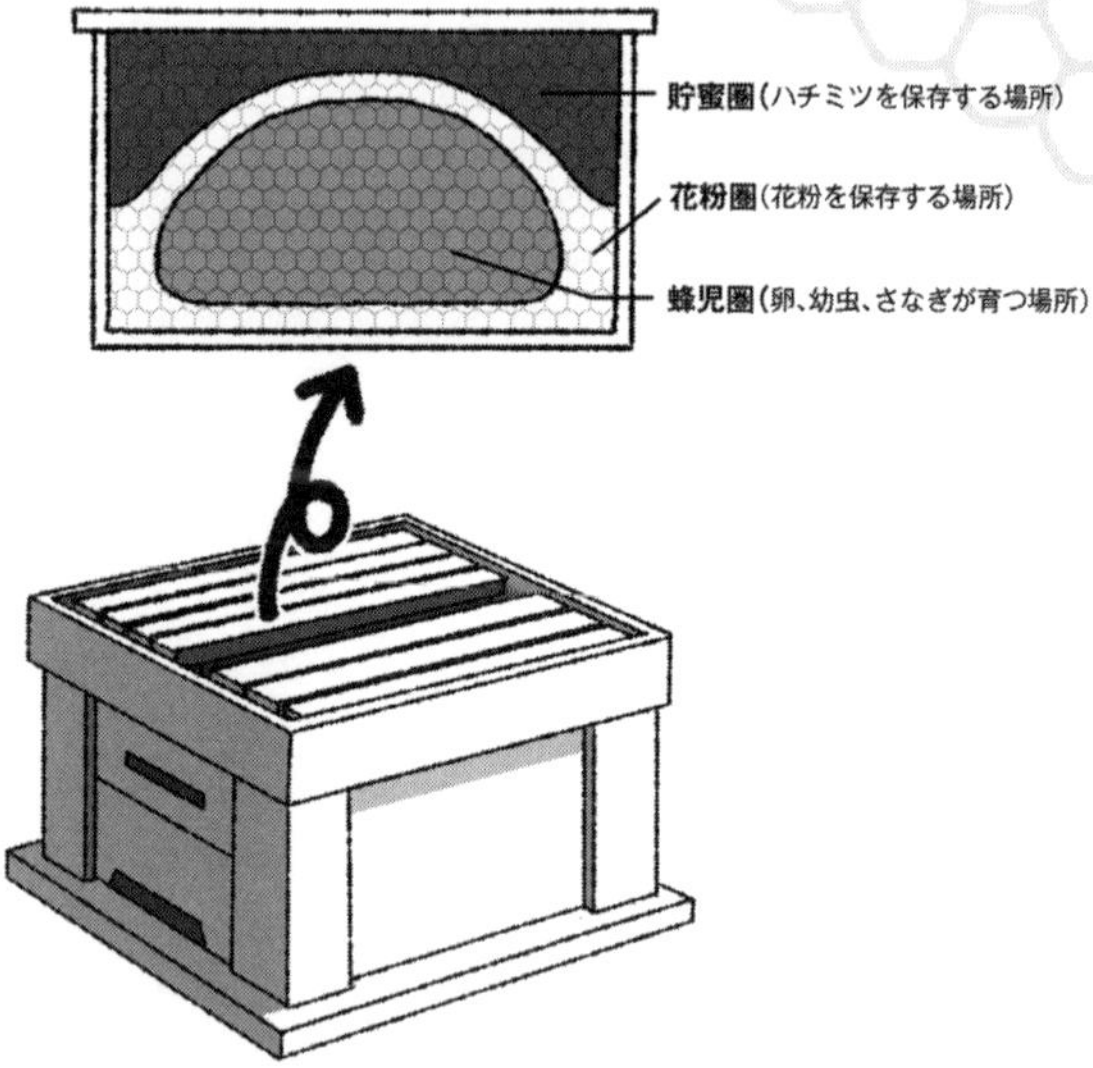

る貯蔵室《ちょぞうしつ》です。育児に使うのは蜂児圏《ほうじけん》といい、巣板《すばん》の中心部にあります。蜂児圏《ほうじけん》のまわりに花粉《かふん》圏《けん》があり、それの上に貯蜜圏《ちょみつけん》があります。

コロニーには数千～数万匹《びき》がいて、繁殖期《はんしょくき》以外は、1匹《ぴき》の女王バチとはたらきバチがそのメンバーです。繁殖期《はんしょくき》になると、全メンバーの10パーセントほどの数のオスバチが生まれます。メンバーはそれぞれ役割分担《やくわりぶんたん》をしています。

ミツバチは、植物の花蜜《かみつ》と花粉《かふん》を食料にします。したがって、季節の移《うつ》り変わりに合わせて生活をします。春～夏は、子育ての時期で、巣の内部では女王バチが産卵《さんらん》し、はたらきバチは幼虫《ようちゅう》の世話をします。外部ではさかんに花を訪《おとず》れて、花蜜《かみつ》と花粉《かふん》を集めます。秋おそくになると、越冬《えっとう》の準備《じゅんび》でハチミツの貯蔵《ちょぞう》を始め、冬は巣の中で、貯蔵《ちょぞう》したハチミツを消費《しょうひ》しながら、女王バチを中心にすごします。

〈女王バチ〉

コロニーに1匹《ぴき》しかいません。はたらきバチとおなじ受精卵《じゅせいらん》から生まれます。体はひときわ大きく、体重は250ミリグラムほどで、100ミリグラムほどのはたらきバチの1・5倍もあります。大きな体の女王バチの役割《やくわり》はただひとつ、卵《たまご》を産むことです。ローヤルゼリーという、はたらきバチがつくり出した栄《えい》養価《ようか》が高く、消化のよい食べ物をもらい、生涯《しょうがい》に1回だけの結婚《けっこん》飛行で受け取った精子《せいし》で、春から秋にかけては、最大で1日1000個《こ》ほどの卵《たまご》を産むことができます。コロニーのメンバーは、すべて女王バチの子どもです。寿命《じゅみょう》は2～3年です。

〈オスバチ〉

オスバチは未受精卵《みじゅせいらん》から、春の繁殖期《はんしょくき》（日本の本州では4～6月）だけに誕生《たんじょう》します。体が大きく、複眼《ふくがん》が大きく発達しています。オスバチには針《はり》がなく、勇ましく敵《てき》と戦ったり、巣の中の仕事をしたりするわけではないので、英語では、オスバチはなまけものを意味するドローンと不名誉《めいよ》な呼《よ》ばれかたをします。

でもオスバチにはたいせつな役割《やくわり》があります。オスバチの仕事はただひとつ、ほかのコロニーの新女王バチと交尾《こうび》するための結婚《けっこん》飛行をすることです。交尾《こうび》をすることで、巣のメンバーと分かち合っている女王バチの遺伝子《いでんし》を広め、つぎの世代にひきわたすたいせつな仕事です。

〈はたらきバチ〉

コロニーのメンバーのほとんどがはたらきバチで、すべてメスです。女王バチとおなじ受精卵《じゅせいらん》から生まれます。女王とは、ふ化した後にあたえられる食べ物（ローヤルゼリー）の量がちがうために、はたらきバチとして育つのです。

女王バチが分泌《ぶんぴつ》するフェロモンで、はたらきバチの卵巣《らんそう》は発達が抑《おさ》えられます。そして、毒液袋《どくえきぶくろ》と、産卵管《さんらんかん》が変化した毒針《どくばり》を持っています。寿命《じゅみょう》は通常《つうじょう》1か月ほどで、巣の中で越冬《えっとう》するはたらきバチだと１４０日ほどです。

はたらきバチは、繁殖《はんしょく》以外のコロニー維持《いじ》の仕事すべてをします。さまざまな仕事を分業することで、維持《いじ》が効率《こうりつ》よくなされます。

羽化～羽化後20日は、巣の中で掃除《そうじ》、育児、巣作り、貯蜜《ちょみつ》、門番などの内勤《ないきん》の仕事をします。羽化後20日ほどすぎると、巣の外に出て花蜜《かみつ》や花粉《かふん》、水を集める外勤《がいきん》の仕事をします。担当《たんとう》するコロニー維持《いじ》の仕事は、羽化後の日数が過《す》ぎる（日齢《にちれい》がすすむ）にしたがって、巣の中心から外に向かってはたらく場所が移《うつ》っていくことがわかります。

はたらきバチにかこまれる女王バチ（中央）。

オスバチは、はたらきバチより体が大きく、目も大きい（→）。

若《わか》いうちははたらく場所が巣の中ですが、年をとると、鳥や狩《か》りバチなど捕食《ほしょく》者《しゃ》の襲撃《しゅうげき》や、急激《きゅうげき》な天候の変化などの環境《かんきょう》の危険《きけん》などがある外の仕事に移っていくのは、生き物の習性《しゅうせい》としてきわめて合理的だとされています。

（はたらきバチの内勤《ないきん》の仕事）

・巣の掃除《そうじ》

羽化したはたらきバチが、すぐにする仕事です。巣の中には、数千からときに数万ものメンバーが密《みつ》に暮《く》らし、ふんや老廃物《ろうはいぶつ》が大量に出ます。それらを放っておくと、病原菌《びょうげんきん》や害虫などが発生し、コロニー全体に広がってしまうこともあります。清掃《せいそう》はコロニー維持《いじ》に欠かせない、たいせつな仕事です。

とくに巣房《すぼう》は、ハチが卵《たまご》、幼虫《ようちゅう》、さなぎ、そして羽化して成虫へと成長する場所で、くり返し育児に使われ、また花粉《かふん》やハチミツの貯蔵《ちょぞう》にも使われることもある重要な場所です。成長の段階《だんかい》で、ふんや脱皮《だっぴ》がらなどが、巣房《すぼう》の底にたまっています。それらをなめとったり、かじりとったりしてきれいにします。

・育児

羽化後3日（3日齢《にちれい》）を過《す》ぎると、育児をします。繁殖期《はんしょくき》以外、生まれるのははたらきバチで、卵《たまご》3日、幼虫《ようちゅう》6日、さなぎ12日をへて、成虫になります。

若《わか》いはたらきバチは、幼虫《ようちゅう》がふ化すると、幼虫《ようちゅう》の体表をなめたり、えさをあたえたりして世話をします。

幼虫《ようちゅう》には、ローヤルゼリーをあたえます。ゼリーはビーミルクともよばれ、花《か》粉《ふん》を消化した栄養素《えいようそ》をもとに、分泌物《ぶんぴつぶつ》をまぜてはたらきバチがつくります。女王バチ候補《こうほ》の幼虫《ようちゅう》にもローヤルゼリーがあたえられます。女王バチ候補《こうほ》にはたっぷりあたえられますが、はたらきバチの幼虫《ようちゅう》には制限《せいげん》されます。

幼虫《ようちゅう》がさなぎになるときがくると、はたらきバチは巣房《すぼう》にふたをし、羽化を待ちます。

・女王バチの世話

女王バチは、コロニーに1匹《ぴき》だけいます。はたらきバチは、女王バチにローヤルゼリーを口うつしであたえます。女王バチは、おもにローヤルゼリーを一生食べます。吸収《きゅうしゅう》がとてもよいので、不消化物はほとんど出ないすぐれた食べ物です。

・巣房《すぼう》づくり

巣房《すぼう》とは、ハチミツやハチパンを保存《ほぞん》したり、はたらきバチやオスバチを育てたりする六角形の部屋です。巣房《すぼう》のかべの材料は、はたらきバチが腹部《ふくぶ》の下面にあるろう腺《せん》から分泌《ぶんぴつ》した蜜《みつ》ろうです。蜜《みつ》ろうは、腹《はら》の体節の間から、薄《うす》いろう片《へん》として出てきます。それを後ろ肢《あし》の内側にあるブラシ状《じょう》の毛で取って、大あごでかみ砕《くだ》き、はりつけながら巣房《すぼう》のかべをつくります。

・ハチミツをつくる

羽化後、12日ほどすると、内勤《ないきん》のはたらきバチは、外勤《がいきん》のハチが集めてきた花蜜《かみつ》を加工してハチミツをつくる仕事をします。
外勤《がいきん》のハチは花をめぐり、体の中にある蜜胃《みつい》というふくろに花蜜《かみつ》をためて、巣に持ち帰ります。巣で待っていた内勤《ないきん》のハチは、口うつしで蜜《みつ》を受け取ります。

花蜜《かみつ》を受けとったハチは、蜜胃《みつい》から花蜜《かみつ》を舌《した》のさきに出したり、入れたりして、水分を蒸発《じょうはつ》させ、花蜜《かみつ》の糖《とう》の濃度《のうど》20～60パーセントを、80パーセントまで濃縮《のうしゅく》させながら、体内の酵素《こうそ》を加えて、花蜜《かみつ》のショ糖《とう》を消化・吸収《きゅうしゅう》しやすいブドウ糖《とう》と果糖《かとう》に分解《ぶんかい》します。ブドウ糖《とう》と果糖《かとう》は、すばやく吸収《きゅうしゅう》されエネルギーとなります。さらにべつの酵素《こうそ》でブドウ糖《とう》を酸化《さんか》し、グルコン酸《さん》という有機酸《ゆうきさん》をつくったり、過酸化水素《かさんかすいそ》をつくったりします。

糖分《とうぶん》を濃縮《のうしゅく》することでハチミツは浸透圧《しんとうあつ》が高くなります。さらに有機酸《ゆうきさん》で酸性《さんせい》にしたり（pH3・7程度《ていど》）、過酸化水素《かさんかすいそ》をつくったりすることで、細菌《さいきん》やカビなど微《び》生物の増殖《ぞうしょく》をおさえ、くさらせずに保存《ほぞん》することができるようになります。

また、ショ糖《とう》やブドウ糖《とう》は結晶《けっしょう》化しやすく、結晶《けっしょう》化するとミツバチが食べにくくなります。ショ糖《とう》やブドウ糖《とう》を酵素《こうそ》で化学的に変化させるのは、ハチミツを液《えき》状《じょう》に保《たも》つためでもあります。

出来上がったハチミツは、一部ははたらきバチの成虫や幼虫《ようちゅう》の食べ物として消《しょう》費《ひ》されます。越冬《えっとう》して生き残るのが女王バチだけのスズメバチやハナバチとちがって、ミツバチは女王バチとおおくのはたらきバチが生き残ります。冬を乗り切るために、残りのハチミツは保存食《ほぞんしょく》として、蜂児圏《ほうじけん》のまわりにある巣房《すぼう》に詰《つ》め、ふたをして保存《ほぞん》されます。

・花粉詰《かふんづ》め

花粉《かふん》は、集めてきた外勤《がいきん》のハチが巣に運び入れ、巣房《すぼう》に詰《つ》めます。空の巣房《すぼう》が花粉《かふん》の貯蔵《ちょぞう》場所になります。ふつう育児をするエリアである中心部の蜂児《ほうじ》圏《けん》と、ハチミツを保存《ほぞん》するエリアである貯蜜圏《ちょみつけん》の間に、花粉《かふん》を詰《つ》めた巣《す》房《ぼう》がならびますが、巣房《すぼう》が空いていれば、巣の中心部でも花粉《かふん》を詰《つ》めることもあります。

外勤《がいきん》のハチが肢《あし》でしごいて巣房《すぼう》に落とした花粉《かふん》だんごを、内勤《ないきん》のハチがハチミツをすこしくわえて頭で巣房《すぼう》の奥《おく》に押《お》し込《こ》みます。花粉《かふん》は脂肪酸《しぼうさん》などを加えて防腐《ぼうふ》され、ミツバチの酵素《こうそ》の作用で栄養豊富《ほうふ》なハチパンとよばれる食べ物になります。ハチパンはおもにはたらきバチの食べ物になり、またハチパンからはたらきバチがローヤルゼリーをつくり出します。

・巣門《すもん》を守る

ミツバチの巣の入り口では、侵入者《しんにゅうしゃ》から巣を守る門番担当《たんとう》のはたらきバチがいます。巣にはたいせつなハチミツがあり、幼虫《ようちゅう》やさなぎがいて、それらを狙《ねら》って、ほかのコロニーのミツバチ、スズメバチ、野生動物などが来ます。門番のハチは触角《しょっかく》を使って、相手の体のにおいを調べ、コロニーのなかまか侵入者《しんにゅうしゃ》かを判断《はんだん》し、侵入者《しんにゅうしゃ》には攻撃《こうげき》をしかけます。はたらきバチには毒針《どくばり》があります。針《はり》には返しがあり、いちど刺《さ》すと抜《ぬ》けなくなって、内臓《ないぞう》ごと取れ、取れたあとも毒液《どくえき》を送りつづけます。敵《てき》に針《はり》を刺《さ》したはたらきバチは、死んでしまいます。

巣内の仕事は、ほかにもたくさんあります。巣内の温度が上がりすぎたときは、激《はげ》しい羽ばたきで、巣内の空気を外にのがして温度を下げて、中心部が34～35度の一定になるようにしたり、巣の修復《しゅうふく》をしたりするなど、はたらきバチはさまざまな仕事を分業することでコロニーを維持《いじ》させます。

（はたらきバチの外勤《がいきん》の仕事）

羽化後、15～25日を過《す》ぎると、はたらきバチは内勤《ないきん》の仕事から巣の外に出て、外勤《がいきん》の仕事をします。

・採餌《さいじ》

採餌《さいじ》とは、咲《さ》いている花から花蜜《かみつ》や花粉《かふん》を採集《さいしゅう》する仕事です。花《か》蜜専門《みつせんもん》、花粉専門《かふんせんもん》、花粉《かふん》と花蜜《かみつ》の両方を集める担当《たんとう》バチがいます。はたらきバチの採餌圏《さいじけん》は半径2〜3キロメートルで、1回の飛行で訪《おとず》れる花は、数百〜2000個《こ》といわれていて、すごい労働であることがわかります。

口吻《こうふん》で花蜜《かみつ》を吸《す》い、食道の一部が変化した蜜胃《みつい》に、平均《へいきん》30〜40ミリグラム、体重の半分近い量の花蜜《かみつ》を貯《た》めて、巣に持ち帰ります。蜜胃《みつい》と腸《ちょう》の間に弁《べん》があり、エネルギーが必要なときだけ弁《べん》を開けて少量の花蜜《かみつ》を消化し、残りは巣に持ち帰ります。花蜜《かみつ》と花粉《かふん》は、幼虫《ようちゅう》や女王バチたちの食べ物の材料となり、コロニーが冬をのりきるための保存食《ほぞんしょく》となります。

花粉《かふん》は、体にたくさん生えている毛につけて集めます。花蜜《かみつ》を集めているうちについたり、雄《お》しべの間を動きまわったりして、付着させます。体についた花粉《かふん》は、肢《あし》のブラシ状《じょう》の毛でかき集め、後ろ肢《あし》の花粉《かふん》かごに移《うつ》します。花粉《かふん》かごはカールした毛でできていて、中央に太くて長い毛が1本あり、それを軸《じく》にして花粉《かふん》をだんご状《じょう》にまとめます。だんごの重さは両肢《あし》で30ミリグラムほどです。

花蜜《かみつ》と花粉《かふん》がたくさんとれる花がある場所を見つけると、採餌《さいじ》をしてもどった

花蜜《かみつ》と花粉《かふん》を集める外勤《がいきん》のはたらきバチ。後ろ肢《あし》に花粉《かふん》だんごをつけている。

外勤《がいきん》のはたらきバチは、巣の中で有名な尻振《しりふ》りダンスをして、なかまにその場所を教えます。

はたらきバチは、このように内勤《ないきん》から外勤《がいきん》のさまざまな仕事をこなします。春から夏のはたらきバチの寿命《じゅみょう》は1か月ほどしかありませんが、女王バチがつぎつぎと産卵《さんらん》するので要員は補充《ほじゅう》されます。

ミツバチの社会は、女王バチがコロニーのすべてをコントロールしているとおもわれがちですが、繁殖《はんしょく》や分蜂《ぶんぽう》のタイミング、営巣《えいそう》場所の決定など、担当《たんとう》するはたらきバチたちの総《そう》意《い》で行われます。ミツバチの社会は、リーダーやリーダー的な立場のハチがいないにもかかわらず、秩序《ちつじょ》が保《たも》たれているという特《とく》徴《ちょう》があります。長い進化の結果、コロニーがひとつの生き物のように機《き》能《のう》しているのが、ミツバチの社会の特徴《とくちょう》です。

セイヨウミツバチの繁殖《はんしょく》

夏が近づくと（日本では4～6月）、巣の中ではたくさんのはたらきバチが生まれて、過密《かみつ》になってきます。すると、繁殖《はんしょく》と分布《ぶんぷ》を広げるための分蜂《ぶんぽう》の準備《じゅんび》を始めます。

〈新女王バチが生まれる〉

はたらきバチは巣板《すばん》の下に垂《た》れ下がるように、ピーナツの殻《から》のような形の特別な部屋をいくつかつくり始めます。部屋は「王椀《おうわん》」とよばれ、新しい女王バチを育てるための部屋です。王椀《おうわん》は、はたらきバチを育てる巣房《すぼう》よりずっと大きく、女王バチが卵《たまご》を産み付けた王椀《おうわん》は、「王台《おうだい》」と呼《よ》ばれます。

新女王バチになるふ化した幼虫《ようちゅう》は、ローヤルゼリーで育てられます。王台《おうだい》の中で、ローヤルゼリーをたっぷりあたえられる幼虫《ようちゅう》は、ローヤルゼリーの海に浮《う》いているようだと表現《ひょうげん》されます。

幼虫《ようちゅう》がさなぎになり、羽化する2～3日前になると、これまでいた旧《きゅう》女王バチははたらきバチの一部とともに、巣を出る分蜂《ぶんぽう》をします。

女王バチの候補《こうほ》は、16日で羽化します。いち早く羽化し、王台《おうだい》から出てきた女王バチ候補《こうほ》は、まだ羽化していない女王バチ候補《こうほ》がいる王《おう》台《だい》を壊《こわ》したり、王台《おうだい》の外から針《はり》で刺《さ》したりして殺《ころ》します。もし

ピーナツのからのようなものが、女王バチを育てる王台《おうだい》となる。

複数《ふくすう》の候補《こうほ》が同時に羽化したときは、候補《こうほ》どうしで殺《ころ》し合いをして、新女王バチを決めます。

女王バチというからには、女王になる運命のとくべつな幼虫《ようちゅう》がいるようですが、どの幼虫《ようちゅう》(オスバチ以外)でも女王バチとなれます。ローヤルゼリーだけをずっとあたえられて育てられると女王バチとして成長するのです。たとえばなんらかの事《じ》情《じょう》で、女王バチとして育てられていた幼《よう》虫《ちゅう》がいなくなっても、はたらきバチとして生まれた幼虫《ようちゅう》が、代わりの女王バチとして育てられるのでこの生態《せいたい》はとても合理的です。

〈オスバチが生まれる〉

新女王バチが誕生《たんじょう》するのにさきがけて、はたらきバチは、はたらきバチを育てる巣房《すぼう》より大きめの巣房《すぼう》を2000〜3000個《こ》つくります。オスバチを育てるための部屋です。女王バチは巣房《すぼう》の大きさを感じ取り、未受精卵《みじゅせいらん》を産み付けます。未受精卵《みじゅせいらん》は、オスバチに育ちます。オスバチは24日で羽化し、はたらきバチの世話を受けながら成熟《せいじゅく》します。

〈結婚《けっこん》飛行〉

女王バチは羽化後1週間ほどで、結婚《けっこん》飛行に出ます。飛行は晴れた日に行なわれ、出会いの空間は地域《ちいき》ごとにそれぞれあるようです。セイヨウミツバチの場合、毎年おなじ空間だといわれています。

女王バチはフェロモンを出して、オスバチたちを呼《よ》び寄《よ》せます。結婚飛行《けっこんひこう》には、あちこちのコロニーからオスバチが加わります。オスバチはそれぞれの巣を飛び立ち、飛びまわりながら、女王バチがやってくるのを待ち、女王バチのフェロモンを追って交尾《こうび》を迫《せま》ります。

女王バチと、オスバチは空中で交尾《こうび》します。交尾《こうび》に成功したオスバチは、交《こう》尾器《びき》とともに腹部《ふくぶ》がちぎれて空中で死亡《しぼう》します。

女王バチは1回の飛行で、何匹《びき》かのオスバチと交尾《こうび》し巣にもどります。女王バチはオスの精子《せいし》をためる貯精《ちょせい》のうがいっぱいになるまで、数日間、飛行をくり返します。女王バチの結婚《けっこん》飛行は、一生に1回だけで、生涯《しょうがい》このときの精子《せいし》を使って産卵《さんらん》します。

交尾《こうび》できなかったオスは巣にもどり、はたらきバチにハチミツをもらって体力を回復《かいふく》させてから、何度も飛行をくり返します。繁殖期《はんしょくき》がおわっても交尾《こうび》できなかったオスは、はたらきバチによって、巣の外に追い出されて死ぬ運命です。

〈分蜂《ぶんぽう》〉

新しい女王バチとなる幼虫《ようちゅう》がさなぎになり、羽化するころになると、もといた女王は、コロニーのはたらきバチのほぼ半分のメンバーを引き連れて、新しい巣に引越《ひっこ》しをします。分蜂《ぶんぽう》という行動です。もとの巣には、新女王バチのために、残りのはたらきバチと、幼虫《ようちゅう》、貯蔵《ちょぞう》したハチミツが残されます。

分蜂《ぶんぽう》したハチたちは、いったん近くの木の枝《えだ》などに集合して、枝《えだ》にぶら下がるようにボール状《じょう》の群れをつくります。そして偵察担当《ていさつたんとう》のはたらきバチがあちこち飛びまわり、巣に適《てき》した場所を見つけます。候補地《こうほち》にはなんども偵察《ていさつ》飛行をし、担当《たんとう》メンバーの総意《そうい》で巣を決定します。たくさんのハチが群れていることから、怖《こわ》がった人が消防《しょうぼう》や警察《けいさつ》などに通報《つうほう》し、新聞やテレビでニュースになったりします。

分蜂《ぶんぽう》は自然な生態《せいたい》で、セイヨウミツバチもニホンミツバチもしますが、コロニーが小さくなるので養蜂家《ようほうか》にとってはありがたい

分蜂《ぶんぽう》したミツバチはもとの巣を出て、いったん分蜂蜂球《ぶんぽうほうきゅう》というかたまりをつくり、新しい巣にうつる。

ことではありません。セイヨウミツバチの養蜂家《ようほうか》は、分蜂《ぶんぽう》が起こらないように管理するほか、人工的に巣をふたつに分けたり、空の巣箱《すばこ》を置いたりして分蜂《ぶんぽう》の群れを誘導《ゆうどう》して巣をふやします。

たくさんのミツバチが集合しているので、怖《こわ》がる人がいますが、巣を守る必要はないので、分蜂《ぶんぽう》をしているミツバチは手を出さない限《かぎ》り、人を刺《さ》すようなことはほぼありません。

3 ミツバチの生産物

人間はミツバチとの長いつき合いをつづけながら、ミツバチがつくり出すさまざまな生産物を利用するようになりました。ミツバチの生産物が、カイコのつくる絹糸《きぬいと》や、ウシの牛乳《ぎゅうにゅう》とはちがうのは、ミツバチが野生にある材料を使いながらつくったものという点です。ミツバチは、カイコやウシのように完全な家畜《かちく》とはならず、基本的《きほん》に野生のままの生活の中で生産物を生み出し、それを人間が利用しているのです。

ミツバチの生産物を、どのように人間が利用してきたのか、見てみましょう。

ハチミツ

なんといっても、ミツバチに期待してきたのはハチミツです。

世界のハチミツ生産量は約177万トンで、生産主要国ベスト3は、

1位　中国　46万6500トン
2位　トルコ　10万4100トン
3位　イラン　8万トン

と、中国が飛びぬけておおく、中国だけで約26パーセントを生産しています。スーパーマーケットなどで、安価《あんか》に売られているハチミツのおおくは中国産です。2位のトルコは、中国の10分の1ほどの国土面積にもかかわらず、10万トン以上のハチミツを生産しているのは注目されます。

以下、アルゼンチン、ウクライナ、アメリカ、ロシア、インド、メキシコ、ブラジルとつづきます。これら上位10か国で、世界の生産量の約60パーセントを占《し》めます。

日本はわずか2900トンほどで、世界第55位です。（FAO　2020年）

〈単花蜜《たんかみつ》と百花蜜《ひゃっかみつ》〉

日本で販売《はんばい》されているハチミツには、単花蜜《たんかみつ》と百花蜜《ひゃっかみつ》というふたつのタイプがあります。文字通り、単花蜜《たんかみつ》とはひとつの種類の花の蜜《みつ》を集めたハチミツで、百花蜜《ひゃっかみつ》とはいろいろな花の蜜《みつ》を集めたハチミツです。

レンゲ、ニセアカシア（ハリエンジュ）、トチノキなど、時期的に集中して開花する花からつくられた単花蜜《たんかみつ》がありますが、100パーセント同一の花蜜《かみつ》からできているハチミツというわけではなく、ほかの花の蜜《みつ》もまざってはいます。

養蜂《ようほう》では、巣板《すばん》の巣房《すぼう》に貯《た》められたハチミツは、遠心分離機《えんしんぶんりき》にかけたり、こし器や圧縮機《あっしゅくき》を使ったりして取り出されます。

〈甘味《かんみ》・万能薬《ばんのうやく》として利用〉

ミツバチは、花蜜《かみつ》からハチミツをつくります。ハチミツは糖《とう》の濃度《のうど》が高くて浸透圧《しんとうあつ》も高いうえに、酸性《さんせい》なので、細菌《さいきん》の繁殖《はんしょく》をおさえることで長期の保存《ほぞん》が可能《かのう》になっているのです。

遠心分離機《えんしんぶんりき》にかけると、ハチミツを取り出すことができる。

ハチミツは、濃縮《のうしゅく》された糖《とう》の甘味《かんみ》に、酸味《さんみ》、各種アミノ酸《さん》で風味が加わります。有機酸《ゆうきさん》が含《ふく》まれているので、pHは3.7ほどの酸性《さんせい》です。

現在《げんざい》、わたしたちはハチミツをおもに甘味《かんみ》食品として利用していますが、ハチミツの高い濃度《のうど》と酸性《さんせい》であることの有用性《ゆうようせい》は、古代から気づかれていて、医療《いりょう》や防腐《ぼうふ》に使用されてきました。ハチミツは高濃度《こうのうど》で浸透圧《しんとうあつ》が高いので、物を腐敗《ふはい》させる微《び》生物はハチミツにふれると細胞分裂《さいぼうぶんれつ》がおさえられて増殖《ぞうしょく》ができません。約5000年前、シユメール（現在《げんざい》のイラクにあたる地域《ちいき》でさかえた文明）では、皮ふの潰瘍《かいよう》にハチミツを使ったり、古代インド、古代エジプト、ギリシャでも、外科手術《しゅじゅつ》のときの外用薬として使われたりしました。

そして現在《げんざい》まで世界中で、やけど、きず、咳《せき》、虫歯、歯肉炎《しにくえん》、目の病気、便秘《べんぴ》、下痢《げり》、ジフテリア、コレラ、疲労回復《ひろうかいふく》など、まさに万能薬《ばんのうやく》として利用されてきました。

さらにハチミツは、腐敗防止《ふはいぼうし》の薬剤《やくざい》のようにも利用されました。

古代エジプトでは、王族や貴族《きぞく》など地位の高い人物が死亡《しぼう》すると、遺体《いたい》はミイラにされました。魂《たましい》は来世で、もとの体にふたたび戻《もど》ってくると信じられていたからです。ミイラにするときに、いくつかの防腐剤《ぼうふざい》のひとつとして、ハチミツやプロポリス（後述《こうじゅつ》）が利用されたことがわかっています。ミイラにしない嬰児《えいじ》（生後すぐのあかちゃん）や愛玩《あいがん》動物は、ハチミツに漬《つ》けて保存《ほぞん》されました。

またハチミツは糖度《とうど》が高く、酵母《こうぼ》による発酵《はっこう》はしませんが、水で2〜3倍に薄《うす》めると発酵《はっこう》が始まり、やがてミードという酒になります。ミードは最古の醸造酒《じょうぞうしゅ》で、起源《きげん》は1万数千年前にさかのぼるとされ、甘味《かんみ》以外の利用としても人類とは長いつき合いです。

現代《げんだい》でも、ハチミツを薬として利用している地域《ちいき》は世界中にあり、さらにはさまざまな効能《こうのう》を利用して、化粧品《けしょうひん》、ハンドクリーム、リップクリーム、石けんなどに配合されています。

花粉《かふん》だんご・ハチパン

はたらきバチは、花から集めた花粉《かふん》に蜜《みつ》をまぜて、後ろ肢《あし》に

ハチパンから製造《せいぞう》された健康サプリメント。

ある花粉《かふん》かごという部分に、だんごのようにまとめます。わたしたちが利用するとき、花粉《かふん》だんごは顆粒状《かりゅうじょう》をしていて、健康食品としてそのまま食べたり、ハチミツやヨーグルトにまぜたりして食べます。

まだ体が完成していない若《わか》いハチにとって、成長のためには花粉《かふん》のたんぱく質《しつ》が必要です。しかし花粉《かふん》は硬《かた》い殻《から》に包まれていて、そのままでは消化できません。ミツバチは花粉《かふん》だんごにハチミツを加えて乳酸菌《にゅうさんきん》を繁殖《はんしょく》させて発酵《はっこう》させ、ハチパン、あるいはビーブレッドと呼《よ》ばれる食べやすい食べ物をつくります。

ハチパンは必須《ひっす》アミノ酸《さん》、ビタミン、ミネラル、ビタミン群などの栄養素《えいようそ》を含《ふく》み、アメリカやメキシコでは、筋肉増量《きんにくぞうりょう》、花粉症対策《かふんしょうたいさく》のサプリメントとして人気です。むかしから中国、朝鮮《ちょうせん》でも心臓《しんぞう》、腎臓《じんぞう》などの医薬品として利用されていて、最近になって食欲増進《しょくよくぞうしん》、動脈硬化予防《どうみゃくこうかよぼう》、便秘《べんぴ》や下痢予防《げりよぼう》などに対する健康サプリメントとして注目されています。

ローヤルゼリー

日本産のローヤルゼリーの生産量は、年間4トンくらいで、海外からの輸《ゆ》入《にゅう》は約636トン。輸入《ゆにゅう》先は中国、台湾《たいわん》、韓国《かんこく》で、約94パーセントが中国からの輸入《ゆにゅう》です。

女王バチの幼虫《ようちゅう》は、特別な部屋である王台《おうだい》で、ローヤルゼリーをたっぷりあたえられながら育ちます。ふつう日本では、王台《おうだい》は5〜6月につくられますが、何かの理由で女王バチがいなくなると、季節を問わず、はたらきバチになるはずだった幼虫《ようちゅう》の巣房《すぼう》を王台《おうだい》につくり直し、幼虫《ようちゅう》にローヤルゼリーをあたえて新しい女王バチとして育て始めます。ローヤルゼリーは、この習性《しゅうせい》を利用して採取《さいしゅ》されます。

まず巣箱《すばこ》を2段にして、巣箱《すばこ》と巣箱《すばこ》の間に、隔王板《かくおうばん》というしきりをを入れて、女王バチがいない区画をつくります。隔王板《かくおうばん》にはすき間があり、はたらきバチは通りぬけられますが、女王バチは体が大きいので通りぬけられないようになっています。次に巣枠《すわく》に王台《おうだい》ににせた人工王椀《じんこうおうわん》をいくつか設置《せっち》し、そこにふ化後まもない幼虫《ようちゅう》を入れます。この巣枠《すわく》を女王バチがいないほうの巣箱《すばこ》に入れると、はたらきバチたちは王椀《おうわん》を王台《おうだい》に拡張《かくちょう》して、幼虫《ようちゅう》を女王バチとして育てるために、ローヤルゼリーを人工王台《じんこうおうだい》に満たします。そして幼虫《ようちゅう》が食べすすめないうちに、幼虫《ようちゅう》を取り出してローヤルゼリーを集めるのです。

人工王台《じんこうおうだい》にためられたローヤルゼリー。

ローヤルゼリーは、白っぽいクリーム状《じょう》の液体《えきたい》。酸性《さんせい》で舌《した》をさすような酸味《さんみ》があります。育児担当《たんとう》のはたらきバチが、発酵《はっこう》させた花粉《かふん》（ハチパン）を食べて、頭部にあるおもに2種の唾液腺《だえきせん》から分泌《ぶんぴつ》される物質《ぶっしつ》をまぜ合わせてローヤルゼリーをつくります。ローヤルゼリーは、幼虫《ようちゅう》にあたえられる特別な食べ物です。とくに女王バチは、羽化したあとも一生食べつづけます。

ローヤルゼリーは、ビテロジェニンという物質《ぶっしつ》をふくみ、免疫力《めんえきりょく》を高め、疲労《ひろう》や消耗《しょうもう》を防《ふせ》ぐ効能《こうのう》のほかにも、老化予防《よぼう》、高血圧《けつあつ》や高コレステロール血症《けつしょう》など、さまざまな研究をとおして効能《こうのう》がわかってきていて、健康サプリメントとして利用されています。

ローヤルゼリーは古くから利用されていて、約2400年前、古代ギリシャの哲学者《てつがくしゃ》アリストテレスが、文献《ぶんけん》の中でもふれているのは有名な話です。

蜜《みつ》ろう

蜜《みつ》ろうとは、はたらきバチが、腹部《ふくぶ》にあるろう腺《せん》から分泌《ぶんぴつ》したうすいろう片《へん》です。六角形の巣房《すぼう》のかべづくりに使われます。融点《ゆうてん》が低く、40度くらいの低い温度でやわらかくなって、加工しやすくなります。蜜《みつ》ろうは防水性《ぼうすいせい》が高く、巣の衛生面《えいせいめん》や安全にも役立っていることが知られています。

ミツバチの蜜《みつ》ろうを、長い間、人間は利用してきました。蜜《みつ》ろうは、ハチミツ

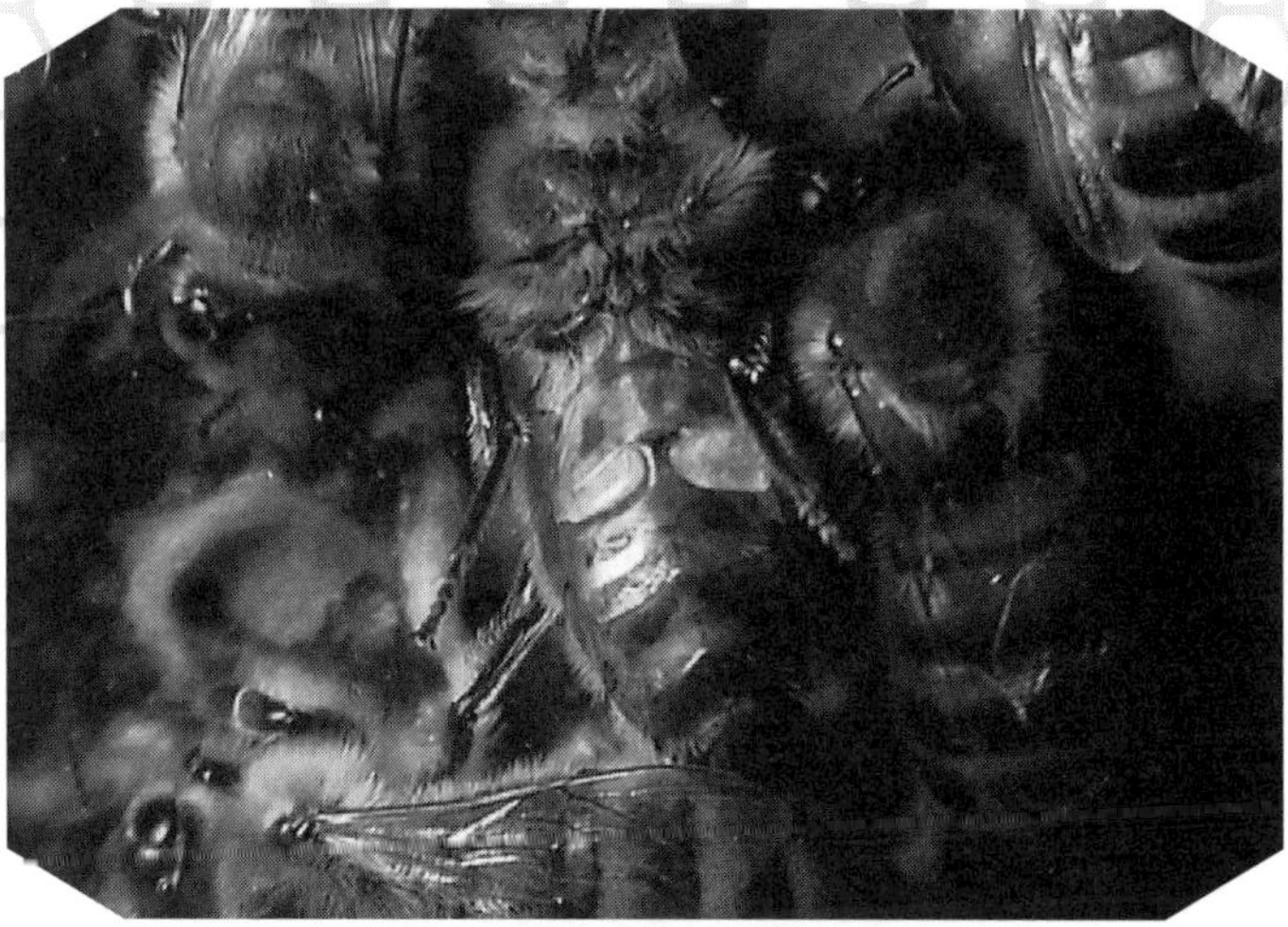

ろう片《へん》を分泌するはたらきバチ。写真：中村純

蜜《みつ》ろうでつくられたキャンドル。

を取るときにとった巣房《すぼう》のふた、巣のかけら、古くなった巣板《すばん》などから集めます。それらを夏なら直射日光《ちょくしゃ》で溶《と》かしたり、容器《ようき》に入れてスチームを当てたり、容器《ようき》に水といっしょに入れてボイルしたりして溶《と》かし取り出します。そのあと、不純物《ふじゅんぶつ》をろ過《か》します。

一番有名な蜜《みつ》ろうの使われ方は、ロウソクの材料として利用することです。型《かた》の容器《ようき》に芯《しん》を垂《た》らし、湯せんして溶《と》かした蜜《みつ》ろうの液《えき》を容器《ようき》に入れてつくります。蜜《みつ》ろうのロウソクは、炎《ほのお》が安定し、ススが少ないのが特徴《とくちょう》です。

中世のヨーロッパの各地で、教会や修道院《しゅうどういん》で養蜂《ようほう》がつづけられてきたのは、ハチミツの採取《さいしゅ》のほかに、ロウソクをつくるためでした。礼拝堂《れいはいどう》の中を明るく照《て》らすために、たくさんのロウソクが必要だったのです。

蜜《みつ》ろうはまた、鋳造《ちゅうぞう》に使われます。青銅《せいどう》が発明されてすぐの紀元前《きげん》2500年ごろ、シュメール（現在《げんざい》のイラク南部）

で蜜《みつ》ろうを使った「ロストワックス鋳造《ちゅうぞう》」と呼《よ》ばれる、鋳型《いがた》による青銅製《せいどうせい》のつぼやコップがつくられるようになりました（次ページ）。これは蜜《みつ》ろうの融点《ゆうてん》が低いことを利用した技術《ぎじゅつ》です。

まず蜜《みつ》ろうで原型《げんけい》をつくり、表面に文様を彫《ほ》り込《こ》んで描《えが》きます。蜜《みつ》ろうの型《かた》の表面を石こうや粘土《ねんど》でおおい、乾燥《かんそう》させます。これを加熱することで、蜜《みつ》ろうだけが溶《と》け出ます。蜜《みつ》ろうがあった空間に、溶《と》けた青銅《せいどう》を流し込《こ》むと原型《げんけい》と同じ形と文様の鋳物《いもの》ができます。ワックス（蜜《みつ》ろう）がなくなる（ロスト）ので、この名前があります。

この技術《ぎじゅつ》は、ヨーロッパ、アジア、北アフリカに広く普及《ふきゅう》していて、教会の鐘《かね》や青銅《せいどう》の像《ぞう》などもつくられてきました。日本では、蝋型鋳造《ろうがたちゅうぞう》と呼《よ》ばれています。

●ロストワックス鋳造《ちゅうぞう》

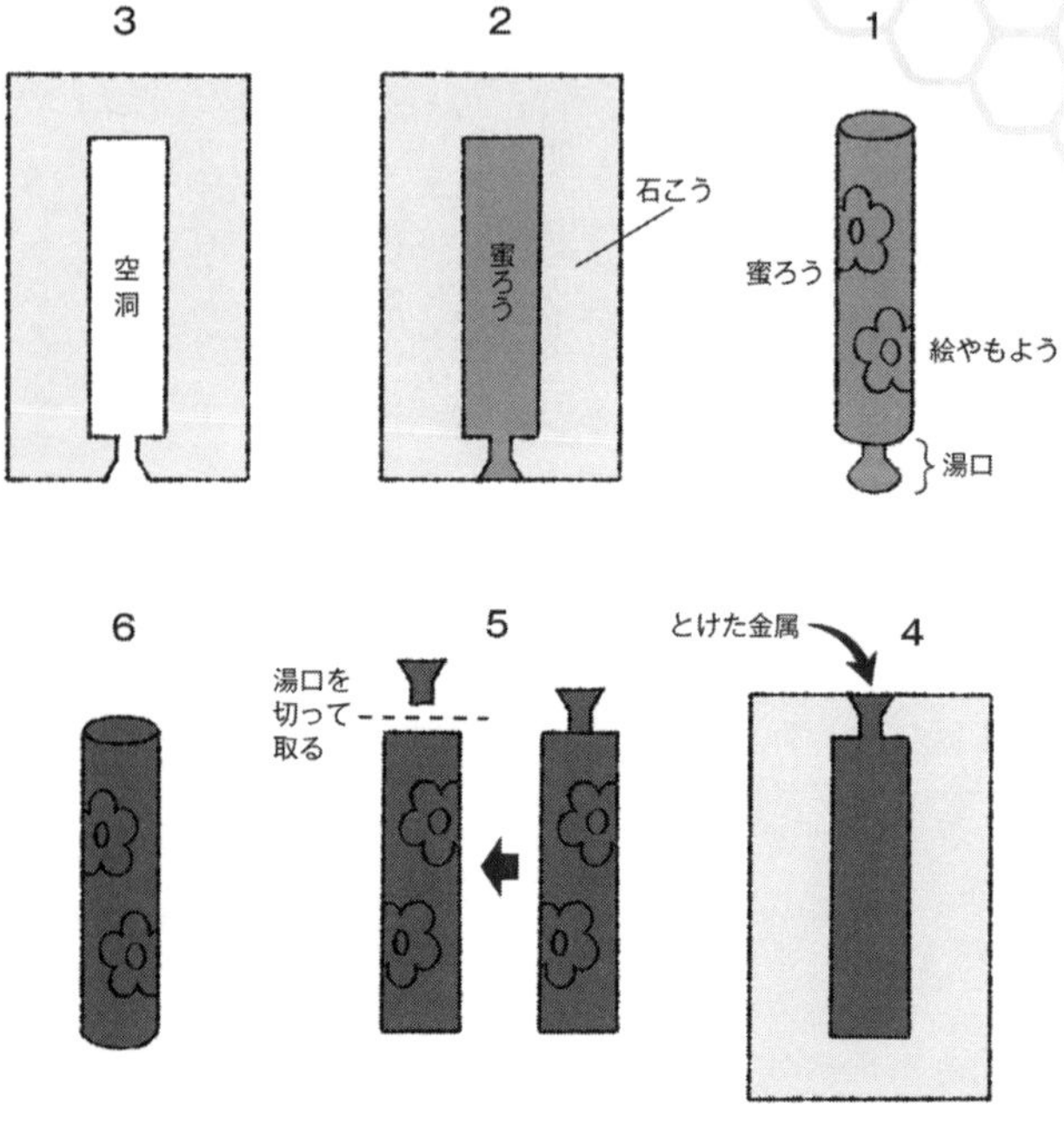

1　蜜《みつ》ろうで、完成形の型《かた》をつくる。あとで蜜《みつ》ろうを出したり、金属《きんぞく》を注いだりすための湯口をつける。
2　石こうでまわりを固める。
3　熱をくわえて、蜜《みつ》ろうをとかして流し出す。
4　湯口からとけた金属《きんぞく》を注ぐ。
5　石こうを外して、固まった金属《きんぞく》を取り出し、湯口の部分を切って取る。
6　完成。蜜《みつ》ろうの原型《げんけい》とおなじ形ともようがある。

プロポリス

はたらきバチは、植物が新芽を守るために分泌《ぶんぴつ》するやわらかい樹脂《じゅし》を大あごでかじり取り、花粉《かふん》かごにつけて巣にもどります。樹脂《じゅし》を受け取った巣内のはたらきバチは、樹脂《じゅし》にふくまれる精油《せいゆ》などのさまざまな物質《ぶっしつ》にだ液《えき》をまぜて、プロポリスをつくります。

ラテン語で、プロとは「前」、ポリスとは「都市」を意味します。プロポリスは、その名の通り、ミツバチの「都市」である巣に使われます。巣の大きなすき間は蜜《みつ》ろうで埋《う》めますが、小さなすき間（6ミリ以下）や入り口はプロポリスを詰《つ》めて冷気を防《ふせ》いだり、巣材の蜜《みつ》ろうにまぜて巣の強度を高めたり、振動《しんどう》をおさえたりするのに使われます。

プロポリスはまた殺菌力《さっきんりょく》が強く、細菌《さいきん》やカビの繁殖《はんしょく》をおさえ

抗菌《こうきん》作用があるとされるプロポリス。

る作用があり、巣の入り口や巣内のかべにぬり付けて腐敗《ふはい》から守り、巣の中をせいけつに保《たも》ちます。

ポプラ、カバノキ、ハンノキ、ヤナギなどがプロポリスを集める対象《たいしょう》の植物ですが、輸入《ゆにゅう》プロポリスはブラジル産がおおく、アレクリンというキク科の植物から集めたプロポリスが出回っています。

プロポリスは、セイヨウミツバチのみが集め、ニホンミツバチは集めません。世界の生産量はわかりませんが、日本には年間75トンほど輸入《ゆにゅう》されています(厚労省監視指導《こうろうしょうかんししどう》・統計情報《とうけいじょうほう》　2019年)。おもな輸入国《ゆにゅうこく》は、ブラジル44トン、アメリカ21

トン、オーストリア8トン、中国2トンです。

養蜂家《ようほうか》は経験《けいけん》的にプロポリスの抗菌《こうきん》作用に気づいていて、歯の痛《いた》みをおさえ、虫歯にも有効《ゆうこう》なために、巣からプロポリスを削《そ》ぎ、そのまま歯肉に当てたり、虫歯に詰《つ》めたりする人もいます。

抗菌《こうきん》・抗真菌《こうしんきん》作用は、はるかむかしから注目されていて、古代ギリシャの哲学《てつがく》者《しゃ》アリストテレスの『動物誌《し》』に皮ふ病、切りきず、各種感染症《かんせんしょう》に用いると記されていたり、古代エジプトでは、ミイラの腐敗《ふはい》を防《ふせ》ぐためにハチミツとともに使われたり、ヨーロッパではずっと、やけど、化膿《かのう》、切りきず、リュウマチの湿布《しっぷ》薬、化粧品《けしょうひん》などとして利用されたりしてきました。

近年、プロポリスに抗《こう》がん作用や抗《こう》インフルエンザ作用などがあるのではないかと、研究が進んでいます。

4 もうひとつのミツバチの恵《めぐ》み

人とミツバチの最初の接点《せってん》は、ミツバチがつくり出すハチミツや蜜《みつ》ろうなど、直接的《ちょくせつ》な生産物を得《え》る恩恵《おんけい》でした。しかし、ミツバチは人に、生産物以上のすばらしい恵《めぐ》みをあたえつづけてくれました。それは植物の受粉《じゅふん》を手助けするポリネーターという役割《やくわり》を果たすことで、果実、穀物《こくもつ》、野菜などの豊《ゆた》かな実りをもたらしてくれたことです。

知らないうちに受粉《じゅふん》

17世紀《せいき》ごろから、ヨーロッパ各地（おもにイギリス）からアメリカ大陸に多くの移民《いみん》が渡《わた》ってきました。１６２０年、メイフラワー号に乗り、イギリスから移住《いじゅう》した清教徒が有名です。

移民《いみん》たちは永住《えいじゅう》するために、野菜、リンゴなど、ヨーロッパでつくられていた農作物を持ちこみました。移民《いみん》たちにとって幸運だったのは、ミツバチもヨーロッパから連れてきたことです。ミツバチの飼育《しいく》は、もともとハチミツや、ろうそくの材料にする蜜《みつ》ろうを採取《さいしゅ》するのが目的だったのですが、気づかないうちに、庭先で育てる果樹《かじゅ》や野菜をミツバチが受粉《じゅふん》させたことで、農作物の豊《ゆた》かな収穫《しゅうかく》をもたらし、ヨーロッパ産の農作物を入植地のアメリカに根付かせることができたのです。

ミツバチなどの昆虫《こんちゅう》が受粉《じゅふん》という大きなはたらきをしていることは、経験的《けいけん》にはわかっていましたが、科学的な知識《ちしき》としては理解《りかい》されていませんでした。18世紀《せいき》になってやっと、イギリスやドイツの植物学者や昆虫学者《こんちゅうがく》によって、植物の繁殖《はんしょく》のしくみ（種子ができるには受粉《じゅふん》が必要なこと）や、受粉《じゅふん》を昆虫《こんちゅう》が助けていることが、科学的な観察や実験をとおして証明《しょうめい》されました。

植物は受粉《じゅふん》することで繁栄《はんえい》

植物の花には、いろいろなタイプがあります。

・ひとつの花におしべとめしべがある両性花《りょうせいか》をつけるタイプ
・ひとつの株《かぶ》に、おしべがある雄花《おばな》とめしべがある雌花《めばな》をつけるタイプ
・雄花《おばな》だけをつける雄《おす》の株《かぶ》、雌花《めばな》だけをつける雌《めす》の株《かぶ》があるタイプ

おおくの植物が種子をつくり、子孫を増《ふ》やして繁殖《はんしょく》します。種子ができるには、どのタイプの花でも、花のおしべにある花粉《かふん》が、ほかの花のめしべに運ばれて受《じゅ》粉《ふん》ができなければなりません。

果樹《かじゅ》や野菜には、両性花《りょうせいか》をつけるタイプが多くあります。両性花《りょうせいか》は、おしべと

めしべがおなじ花にあるのだから、受粉《じゅふん》はかんたんだとおもうかもしれません。でもそうではない、巧妙《こうみょう》なしくみを持つ種もあります。おなじ花の花粉《かふん》が、おなじ花のめしべについても種子ができない自家不和合性《じかふわごうせい》という性質《せいしつ》を持つ植物です。遺伝子《いでんし》の多様性《たようせい》を保《たも》つためのしくみのひとつです。

植物は根を地中に張《は》っているため、体を動かして移動《いどう》することはできません。繁栄《はんえい》のために種子をつくるには、なんらかの方法で、花粉《かふん》を運んでもらわないといけません。

生き物に花粉《かふん》を運んでもらう植物があります。花粉《かふん》を運ぶ生き物には、ミツバチ、マルハナバチ、ハナアブ、ハエ、チョウ、ハナムグリなどの昆虫類《こんちゅうるい》、メジロ、ヒヨドリ、ハチドリなどの鳥類、コウモリ、リスなどのほ乳類《にゅうるい》、トカゲなどのは虫類も一役買っているといわれます。こうした花粉《かふん》を運び受粉《じゅふん》の手助けをする生物をポリネーター(花粉媒介者《かふんばいかいしゃ》)といいます。植物はポリネーターを誘《さそ》うために、美しい花を咲《さ》かせます。花はまるで広《こう》告塔《こくとう》のようなものです。これらの植物のうち、昆虫《こんちゅう》に受粉《じゅふん》をまかせている花を虫媒花《ちゅうばいか》、鳥に受粉《じゅふん》をまかせている花を鳥媒花《ちょうばいか》などといいます。

ポリネーターは、花粉《かふん》や花蜜《かみつ》を集めるのを目的に花に来ているだけなのですが、結果的に花粉《かふん》を体につけて、ほかの花に運んで受粉《じゅふん》させます。ポリネーターは食べ物をもらい、植物は受粉《じゅふん》をしてもらうという、おたがいの利益《りえき》になる関係が成り立っています。

国連環境《かんきょう》計画（UNEP）によると、世界の主要な農作物のうち、品目として約75パーセントがポリネーターを必要としています。

生き物ではなく、風によって花粉《かふん》を運んでもらう植物があり、農作物でいうとトウモロコシ、イネ、ムギなどです。こうした植物がつける花を風媒花《ふうばいか》といいます。風媒花《ふうばいか》は地味な花がおおく、まさに風任《かぜまか》せということで、虫媒花《ちゅうばいか》にくらべて、大量の花粉《かふん》が必要になります。

ジャガイモ、タケノコのように、地下茎《ちかけい》、根、茎葉《けいよう》などで増《ふ》える作物もありますが、ホウレンソウやハクサイといった葉を利用する野菜、ダイコンやニンジンといった根を食べる野菜のように、果実を利用しない作物でも、増《ふ》やすときは受《じゅ》粉《ふん》をして種子をつくらなければなりません。

求められる受《じゅ》粉《ふん》能《のう》力《りょく》

ヒマワリの原産地は北アメリカですが、いまや世界中で栽培《さいばい》され、重要な農作物のひとつとなっています。もちろん、花を楽しむためにも栽培《さいばい》されます。種子は食用になりますが、おもにしぼって油をとるのに利用されます。

ヒマワリのひとつの花を見てみましょう。ひとつとはいっても、ヒマワリの花は、たくさんの花が集まって、まるでひとつの花のようになっています。外側にぐるりとならんでいるのは、装《そう》飾花《しょくか》といって、虫たちを呼《よ》び寄《よ》せる目印の役割《やくわり》をしています。装飾《そうしょく》花は種子ができません。

まん中の丸い部分をよく見ると、小さな花がぎっしりとならんでいるのがわかります。これらが受粉《じゅふん》すると、ひとつひとつ種子ができます。種子の数は、直径30センチほどの中くらいの大きさの花で1500個《こ》、大型《おおがた》の花だと2000個《こ》を超《こ》えるほどです。

左ページの下の写真は、ヨーロッパのある国のヒマワリ畑です。どれだけの花があるのでしょう。しかも花の時期はだいたいきまっているので、短期間にいっせいに咲《さ》きます。

もし花粉《かふん》をつけた絵筆を、ほかの花の雌《め》しべにつけて受粉《じゅふん》させる作業を人間がやらなければならないとしたら、気が遠くなってしまいませんか。この驚《おどろ》くべき数の花の受粉《じゅふん》を昆虫類《こんちゅうるい》、中でもミツバチがやってくれているのです。

ヒマワリの外側の花は装飾花《そうしょくか》。内側の花は種子ができる。

ヒマワリ畑に咲《さ》くすごい数のヒマワリ。受粉《じゅふん》しなければ、種子ができない。

ポリネーターとしてすぐれたミツバチ

ハナバチのなかまであるミツバチの体は、ポリネーターに適《てき》した特徴《とくちょう》を持っています。

虫を狩《か》るスズメバチ類やアシナガバチ類の体にくらべて、ミツバチの体にはびっしりと毛が生えています。

花をおとずれると、その毛は花粉《かふん》まみれになります。飛びながら、肢《あし》の内側にある花粉《かふん》ブラシといわれる長い毛で花粉《かふん》をかき集め、後ろ肢《あし》の外側にある花粉《かふん》かごと呼《よ》ばれるへこみに移して、ハチミツをすこしくわえて花粉《かふん》だんごにまとめます。花に来たミツバチを観察すると、両後ろ肢《あし》に花粉《かふん》だんごをつけているのがわかります。花粉《かふん》だんごは巣に持ち帰り、コロニーのなかまの食べ物の材料になります。

ミツバチ

ミツバチ（上）は体に毛が
びっしりだが、
アシナガバチ（左）には
毛があまりない。

アシナガバチ

ただ、花粉《かふん》はすべて花粉《かふん》だんごにされるのではなく、体に残った花粉《かふん》は、ミツバチがほかの花にいったとき、めしべについて受《じゅ》粉《ふん》されるのです。

ミツバチの習性《しゅうせい》もポリネーターとして利用するのに適《てき》しています。

ミツバチは閉鎖《へいさ》された空間があれば巣をつくるので、人工の巣箱《すばこ》を平気で利用します。受粉《じゅふん》をさせたい果樹園《かじゅえん》や野菜畑に、巣箱《すばこ》ごとコロニーを移動《いどう》させることができます。

また、たいせつに世話をすれば、長くコロニーを保《たも》たせたり、巣を分けてコロニーを増《ふ》やしたりすることが可能《かのう》です。

さらに、ミツバチはおとずれる花の種類が多いので、ほとんどの作物の受粉《じゅふん》に利用できます。

外勤《がいきん》のはたらきバチは、植物にもよりますが、1匹《ぴき》で1日3000個《こ》もの花をまわるといわれています。ひとつのコロニーの15〜30パーセントが外勤《がいきん》のハチとすると、1万匹《びき》のコロニーで、1日に450〜900万個《こ》の花を受粉《じゅふん》させることができるのです。数万匹《びき》の大きなコロニーだと、数千万個《こ》の花の受粉《じゅふん》が可能《かのう》ということになります。さきに紹介《しょうかい》したヒマワリ畑のぼう大な数の花の受粉《じゅふん》も可能《かのう》だとわかるでしょう。

日本ではハナバチ、ハエ、アブ、チョウなどいろいろなポリネーターが活躍《かつやく》しています。しかし、自然環境《かんきょう》が悪化してきたこともあり、種類がだんだん少なくなっていて、ミツバチの重要性《じゅうようせい》は高くなってきています。

日本で活躍《かつやく》するミツバチは、セイヨウミツバチとニホンミツバチの2種がいますが、農作物の受粉《じゅふん》にはセイヨウミツバチが期待されています。

というのも、ニホンミツバチはほぼ野生の生き方をしていて、たとえば巣の中で病気が広がるなどして環境《かんきょう》が悪くなると、平気で巣を捨《す》てて引っ越《こ》してしまうなど、飼育《しいく》管理がむずかしいとされています。

さらにセイヨウミツバチは外来種であるために、日本在来《ざいらい》の大型《おおがた》の狩《か》りバチであるオオスズメバチに対抗《たいこう》できる熱殺蜂球《ねっさつほうきゅう》という防御《ぼうぎょ》法をしっかり発達させていません。そのため野外に逃《に》げ出しても繁殖《はんしょく》できず、外来種として問題を起こすことがないのです（ただし、小笠原諸島、南西諸島など一部の地域では野生化している）。

ミツバチ以外のハナバチの中には、活動期が短いのですが、特定の植物に対しては、ミツバチよりはるかに受粉能力《じゅふんのうりょく》が高いものがいます。でも、ミツバチは春～秋と活動期がつづき、すでにのべたように、採餌《さいじ》をする花の対象《たいしょう》が広く、なおかつコロニーのメンバーがおおい上に、飼養《しよう》の管理が比較的《ひかくてき》しやすいことが、ポリネーターとして重宝《ちょうほう》されている理由です。

ニホンミツバチの熱殺蜂球《ねっさつほうきゅう》

ミツバチにとってスズメバチ類は、天敵《てんてき》です。よく巣をおそうのは、在来種《ざいらいしゅ》のキイロスズメバチやオオスズメバチです。キイロスズメバチは、ミツバチの巣の入り口でホバリングして待ちかまえ、出てきたはたらきバチを1匹《ぴき》ずつさらっていきます。狩《か》りは1匹《ぴき》ずつなので、大きなダメージにはなりません。

しかし、オオスズメバチは初め単独《たんどく》ではたらきバチを捕《と》らえますが、そのうちなかまと集団《しゅうだん》でやってきて、ミツバチの成虫を皆殺《みなごろ》しにし、巣内の幼虫《ようちゅう》やさなぎを根こそぎつれさってしまいます。

ニホンミツバチは、巣内に入り込《こ》んだオオスズメバチを、皆《みな》でいっせいに取りかこみます。そのようすが球のようなので蜂球《ほうきゅう》といわれます。

熱殺蜂球《ねっさつほうきゅう》をつくるニホンミツバチ。おおくのはたらきバチが犠牲《ぎせい》になるが、巣は守られる。

ミツバチたちは、羽を動かして筋肉《きんにく》で熱を生み出します。すると蜂球《ほうきゅう》内は46～48度の高温、高湿度《しつど》、低酸素状態《さんそじょうたい》となり、オオスズメバチは熱殺《ねっさつ》されてしまいます。

セイヨウミツバチはもともとはアジア圏《けん》にいたのですが、集団《しゅうだん》で攻撃《こうげき》する大型《おおがた》のスズメバチ類から西に逃《のが》れて繁栄《はんえい》しました。

セイヨウミツバチも熱殺蜂球《ねっさつほうきゅう》自体はつくることはでき、キイロスズメバチに対しては有効《ゆうこう》です。しかし、オオスズメバチは体が大きく、大あごも強力なので、ニホンミツバチほど強力な蜂球《ほうきゅう》をつくれないセイヨウミツバチは対抗《たいこう》できないのです。

ミツバチのイチゴの受粉《じゅふん》

イチゴの花と実の構造《こうぞう》を見てみましょう（次ページ）。イチゴの実の表面にある粒《つぶ》つぶは、1個《こ》1個《こ》が本当の果実で、めしべが受粉《じゅふん》してできた種子が中にあります。わたしたちがおいしく食べているのは花床《かしょう》という、めしべやおしべがついていた部分です。こうした実は、にせの果実ということで、偽果《ぎか》とよばれます。めしべは花床《かしょう》にぐるりとたくさんついていて、めしべがひとつだけの花にくらべて複雑《ふくざつ》なつくりです。

イチゴの実が大きくなるには、種子ができることが重要で、種子がたくさんできると大きな実になります。受粉《じゅふん》がじゅうぶんでなくかたよりがあると、でこぼこの奇形《きけい》の実となってしまいます。ミツバチは、イチゴの花に来ると、花の根もとに口吻《こうふん》をさし入れながら、花の上

●イチゴの花と実

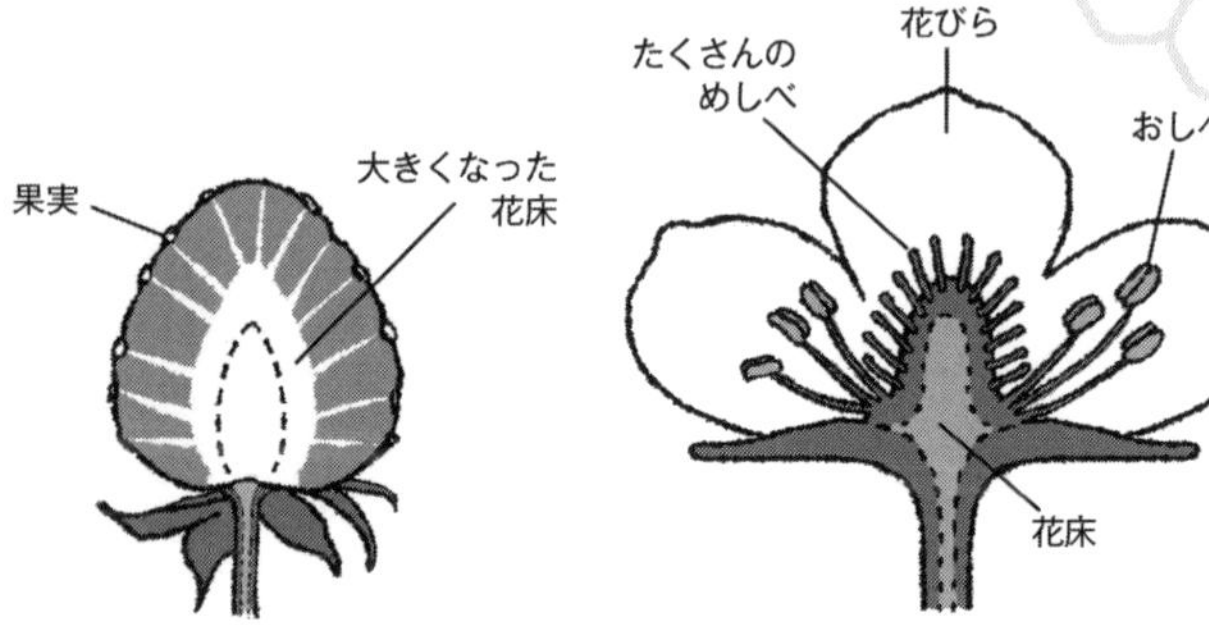

を動きまわるので、体についていたべつの花の花粉《かふん》が、すべてのめしべについて、受粉《じゅふん》が完了《かんりょう》します。花蜜《かみつ》や花粉《かふん》を集めるために長く花にとどまることで、たくさんのめしべの受粉《じゅふん》がうまくいくのだといわれています。

すこし古い情報《じょうほう》（2013年）ですが、ドイツのゲッティンゲン大学の作物学部の研究チームが、9品種のイチゴを畑に植えて受《じゅ》粉《ふん》の実験をしました。

風による受粉《じゅふん》と自家受粉《じゅふん》にくらべて、ミツバチによる受粉《じゅふん》は、7品種のイチゴで色の赤味が強く出て、11〜30パーセント重い実となり、また鮮度《せんど》がずっと長く保《たも》たれたと報告《ほうこく》されました。

イチゴの実ができるのは、野外ではふつう5~6月です。しかし、クリスマスケーキ、ショートケーキ、パフェなどに使うなど、一年中需要《じゅよう》があるので、イチゴはハウスなどの施設《しせつ》で栽培《さいばい》され、ミツバチはその受粉《じゅふん》に欠かせない存在《そんざい》です。

受粉《じゅふん》サービスとハチミツの価格《かかく》

受粉《じゅふん》サービスの価格《かかく》が、ハチミツの価格《かかく》よりも高くなった事情《じじょう》はアメリカの養蜂業《ようほうぎょう》の報告《ほうこく》でよくわかります。

アメリカでは、1960年代までは、養蜂家《ようほうか》のおもな収入《しゅうにゅう》はハチミツの採集《さいしゅう》でした。ところがその後、中国産の安いハチミツが輸入《ゆにゅう》されるようになり、ハチミツ価格《かかく》が暴落《ぼうらく》し、採蜜《さいみつ》だけでは生活ができなくなってきました。

養蜂家《ようほうか》にとって幸いだったのが、巣箱《すばこ》ごとミツバチを貸出《かしだ》す受粉《じゅふん》サービスが収入《しゅうにゅう》をもたらすようになったことでした。背景《はいけい》には、農業が機械化されて産業化し、単一の作物を大規模《きぼ》に栽培《さいばい》するようになると、野生の昆虫《こんちゅう》だけでは受粉《じゅふん》が間に合わないようになったことがあげられます。せいぜい副収入《しゅうにゅう》をかせぐくらいであったミツバチの巣箱《すばこ》の貸出《かしだ》しは、アーモンド、ブルーベリー、リンゴなどの受粉《じゅふん》に駆《か》り出され、アメリカの農業に欠かせないものとなっていきました。

1980年代には、養蜂家《ようほうか》の収入《しゅうにゅう》のうち、ハチミツの売り上げは約52パーセント、受粉《じゅふん》サービスは11パーセント未満ほどだったのが、2000年をすぎたころには、ハチミツより受粉《じゅふん》サービスの貸《か》し出し料のほうが上まわる逆転現象《ぎゃくてんげんしょう》が起こりました。いままでは受粉《じゅふん》サービスが40パーセント以上となり、ハチミツの売り上げ180億円に対して、アーモンドの受粉《じゅふん》だけでも売り上げ240億円となりました（1ドル120円として換算《かんさん》）。

ミツバチをはじめとするポリネーターの重要性《じゅうようせい》は、世界中で大きくなっています。野外の畑や果樹園《かじゅえん》で栽培《さいばい》することを露地栽培《ろじさいばい》といい、果実、野菜、花卉《かき》を塩化ビニール、ポリエチレン、プラスチックのフィルムや、プラスチック板、ガラス板などで囲《かこ》った施設内《しせつ》で育てることを施設栽培《しせつさいばい》といいます。近年、施設栽培《しせつさいばい》の資材《しざい》が発達し、ハウス栽培《さいばい》などの施設《しせつ》を使った栽培法《さいばいほう》が発展《はってん》しています。ハウス栽培《さいばい》は、天候や季節の影響《えいきょう》を受けることなく、野菜や果実の収穫《しゅうかく》が得られることから、食料供給《きょうきゅう》の安定にとってこれからますます重要になりますが、外の環境《かんきょう》と区切られていることから、人工巣箱で飼育《しいく》できるミツバチやマルハナバチなどのハナバチ類をポリネーターとして採用《さいよう》しなければいけません。

日本では、施設《しせつ》での野菜栽培《さいばい》は、露地栽培《ろじさいばい》にくらべて生産性《せいさんせい》が高く、小さい面積で収益《しゅうえき》を上げることができることから、1960年代以降《いこう》に広く行われるようになりました。いまでは施設《しせつ》栽培《さいばい》の生産量は、イチゴ83パーセント、トマト78パーセント（2018年）などと、路地栽培《さいばい》を大きく上まわっています。そうしたこともあり、国内の養蜂家《ようほうか》の売り上げ72億7500万円のうち、ハチミツや蜜《みつ》ろうなどが約70パーセントにあたる51億5700万円に対して、花粉《かふん》交配ミツバチの貸出《かしだ》しは約30パーセントの21億1800万円に上っています（2022年）。

ミツバチなどのポリネーターがもたらす経済《けいざい》的価値《かち》

ミツバチなどのポリネーターは、たしかに植物の受粉《じゅふん》を助けています。その貢献《こうけん》は、お金にするといったいどれほどの価値《かち》になるのでしょうか。

いくつか試算されています。世界規模《きぼ》での試算でよく引用されるのは、「生物多《せいぶつた》様性及《ようせいおよ》び生態系《せいたいけい》サービスに関する政府《せいふ》間科学‐政策《せいさく》プラットフォーム（ＩＰＢＥＳ＊＝イプベス）」という、世界１４５か国以上が参加する政府《せいふ》間組織《そしき》が報告《ほうこく》したものです。ＩＰＢＥＳは、生物の多様性《たようせい》と環境《かんきょう》の保全《ほぜん》が人類活動や自然にどのような影《えい》響《きょう》をあたえるか、生物多様性《せいぶつたようせい》・生態系《せいたいけい》サービスを科学的に評価《ひょうか》し、政策《せいさく》を提言《ていげん》しています。

＊IPBES　The Intergovernmental Science-Policy Platform on Biodiversity and Ecosystem Service 生物多様性《せいぶつたようせい》及び生態系《せいたいけい》サービスに関して科学的に評価《ひょうか》し、政策提言《せいさくていげん》をする政府《せいふ》間組織《そしき》。２０１２年、国連環境《かんきょう》計画の検討《けんとう》で設立《せつりつ》。ドイツのボンに事務局《じむきょく》があり、世界１４５か国以上が参加している。

ＩＰＢＥＳの試算によると（２０１３年）、ポリネーター全体の経済的《けいざい》貢《こう》献《けん》は次のようになっています。

・（ポリネーターは）世界の主要作物の品目の約75パーセントの受《じゅ》粉《ふん》をしている（生産量では約35パーセントにあたる）

・年間26～66兆円（2350～5770億ドル）の経済価値《けいざいかち》を生み出す

経済価値《けいざいかち》の数値《すうち》のはばが大きいのは、野生のポリネーターがどれほど貢献《こうけん》しているか正確《せいかく》には把握《はあく》されない見積もりの計算だからです。

ハチをふくむ昆虫《こんちゅう》だけだと、国連環境《かんきょう》計画（UNEP）よる次の報告があります。

・年間約20兆円の経済価値《けいざいかち》を生み出す

昆虫《こんちゅう》の貢献《こうけん》が、かなり大きいことがわかります。

では、ミツバチだけだとどうでしょう。世界規模《きぼ》での試算はないようですが、ミツバチだけの受粉《じゅふん》サービスの経済価値《けいざいかち》は、日本では左の図のように試算されて

●作物受粉でのミツバチやマルハナバチなどの貢献額

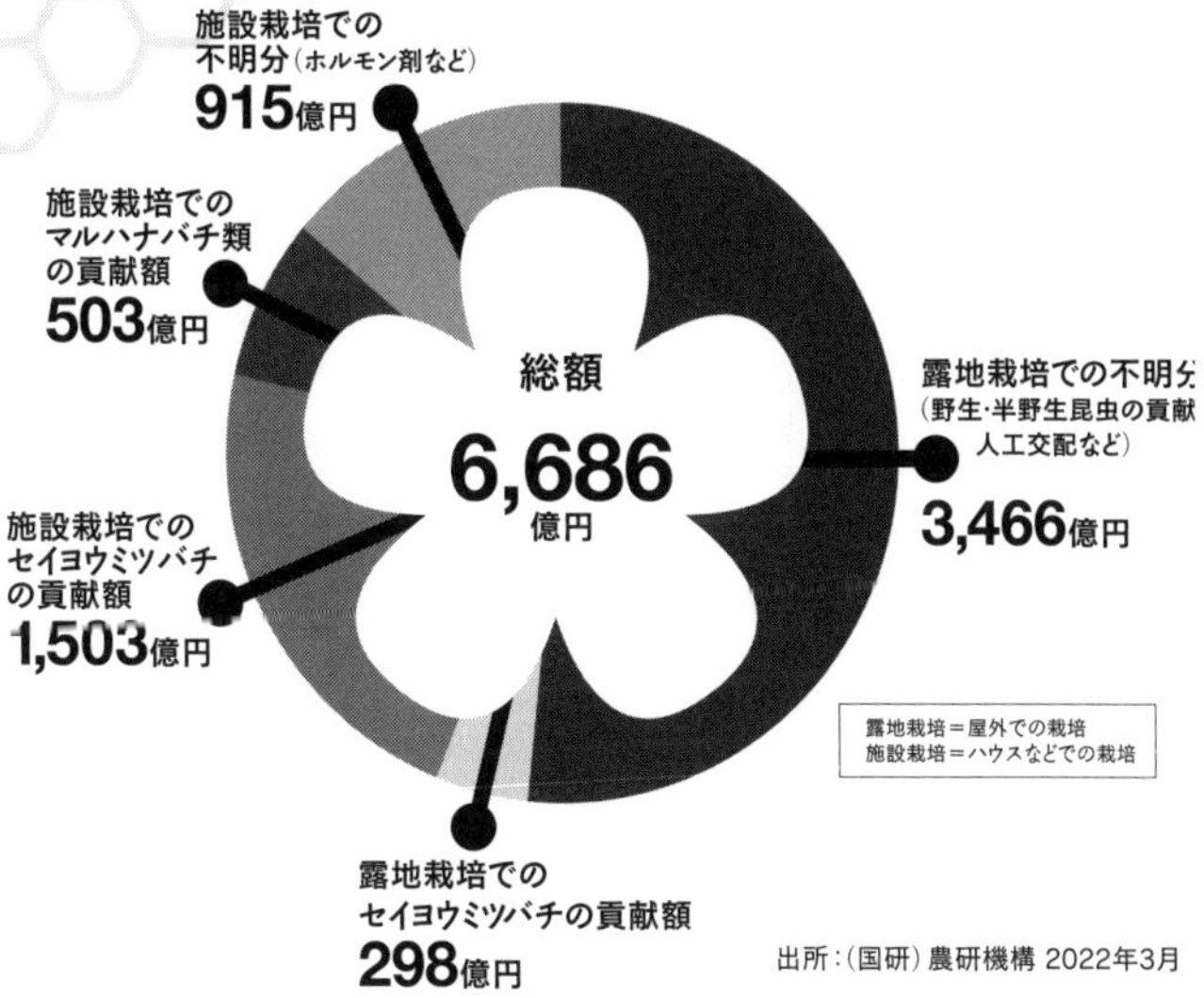

出所：（国研）農研機構 2022年3月

います。

・露《ろ》地《じ》栽培《さいばい》２９８億円
・施設《しせつ》栽培《さいばい》１５０３億円
合計１８０１億円

つまり、作物栽培《さいばい》のすべてのポリネーター貢献額《こうけんがく》である６６８６億円の約27パーセントを、ミツバチが生み出しているのです。ミツバチが野外で、勝手に受粉《じゅふん》している分もふくめれば、この数字よりずっと大きいとも推測《すいそく》されます。ミツバチのこうした重要性《じゅうようせい》は、世界の農業でも変わることはないでしょう。

日本でも現在《げんざい》、ミツバチのポリネーターとしての需要《じゅよう》が高まっていて、ミツバチを花粉《かふん》交配用に貸《か》し出す養蜂家《ようほうか》は、養蜂場《ようほうじょう》で繁殖《はんしょく》させた花粉《かふん》交配用ミツバチを、巣箱《すばこ》ごと貸《か》し出したり、販売《はんばい》したりしています。施設栽培《しせつさいばい》は、これからの農業にとって重要な栽培法《さいばいほう》で、閉《と》ざされた空間で受粉《じゅふん》を担《にな》うミツバチはこれからもますます欠かせない存在になってくるでしょう。

5 ミツバチを取り巻《ま》く危《き》機《き》

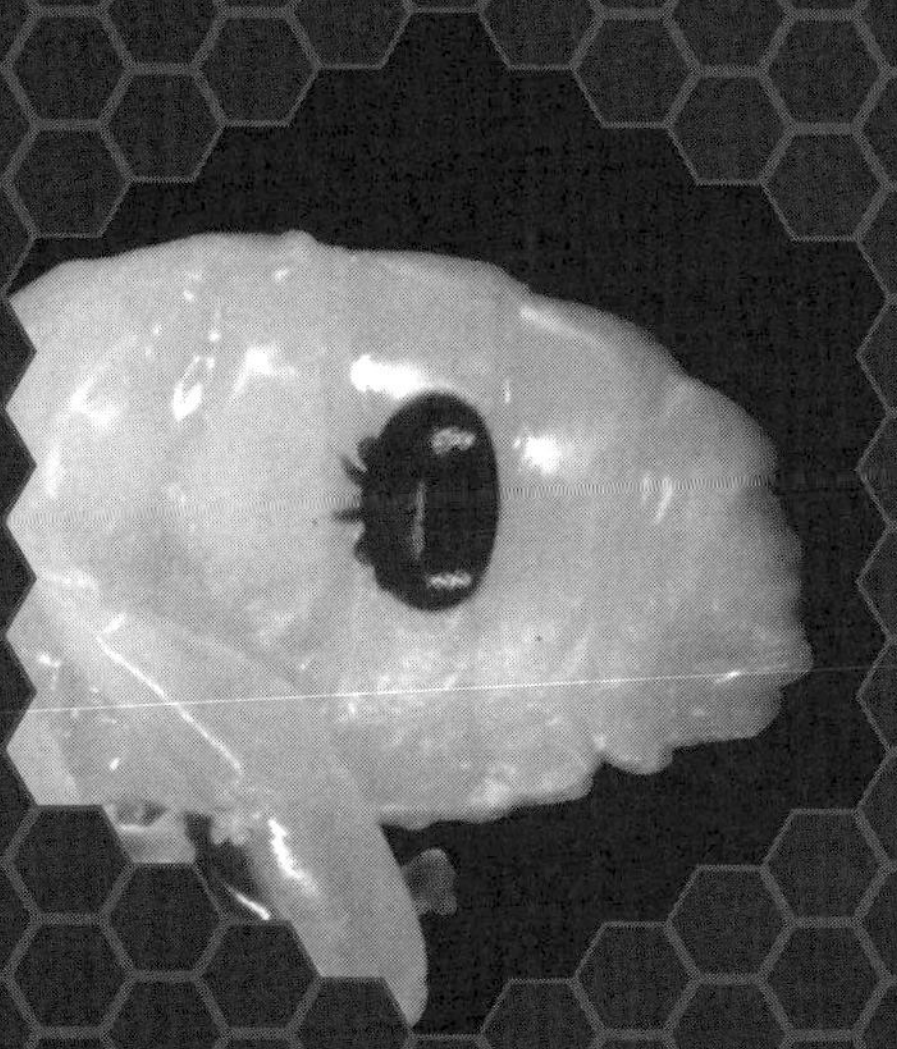

CCDという現象《げんしょう》

ハチミツやローヤルゼリー、そして野菜や果樹《かじゅ》の受粉《じゅふん》サービス、ミツバチはこれからも変わることなく、わたしたちに豊《ゆた》かな恵《めぐ》みをあたえてくれるのでしょうか。

2006年冬、アメリカのミツバチに不可思議《ふかしぎ》な現象《げんしょう》が発生しました。巣に女王バチ、幼虫《ようちゅう》、たくわえたハチミツや花粉《かふん》を残したまま、わずかな数のはたらきバチだけが残り、短期間のうちに数万匹《びき》のはたらきバチがすがたを消しました。しかも奇妙《きみょう》なことに、巣箱《すばこ》のまわりにハチたちの死がいが見当たらないのです。

この現象《げんしょう》はアメリカ全土に広がり、2006年秋から2007年にかけて、管理されているハチのコロニー全体の約32パーセントがなくなりました。アメリカのミツバチコロニーの数は当時約２４０万、その32パーセントというと76万８０００コロニー、冬に向かって数をへらして１コロニー３万匹《びき》のメンバーだとしても、一冬で約２３０億匹《ひき》というおどろくべき数のミツバチが消えたことになります。

はたらきバチがいなくなり、その死がいも巣のまわりに見つからないことから、帰巣本能《ほんのう》や方向感覚に異常《いじょう》が生じたのではないだろうかといわれました。

この現象《げんしょう》を引き起こした犯人《はんにん》はだれだったのでしょうか。

当初、世界中の養蜂家《ようほうか》を苦しめていた寄生性《きせいせい》のダニが疑《うたが》われ、さらにはウイルスや細菌《さいきん》などの感染《かんせん》による病気、ネオニコチノイドとよばれる農薬、果ては携帯《けいたい》電話の基地局《きちきょく》や携帯《けいたい》本体から出る電磁波《でんじは》が、ミツバチたちの方向感覚を狂《くる》わせたのではないかとまでいわれましたが、どれもこの不《ふ》可思議《かしぎ》な現象《げんしょう》の真犯人《はんにん》と認定《にんてい》されませんでした。

原因《げんいん》がはっきりしないこの現象《げんしょう》は、Colony Collapse Disorder
=CCD、蜂群崩壊症候群《ほうぐんほうかいしょうこうぐん》と呼ばれるようになりました。

CCDにたミツバチのコロニーの壊滅《かいめつ》は、フランス、ドイツ、イタリア、ウクライナといったヨーロッパ諸国《しょこく》、ブラジルなどの南アメリカの諸国《しょこく》でも発生しました。しかし、その原因《げんいん》はウイルスや細菌《さいきん》の感染《かんせん》、たちの悪いダニの寄生《きせい》によるものなどで、CCDとはちがう現象《げんしょう》だったのではないかとされています。国としてCCDの発生を認《みと》めているのは、アメリカとスイスだけです。

CCDはアメリカでつづいているようですが、CCDの原因《げんいん》は、ある特定のものではなく、寄生虫《きせいちゅう》やウイルス、細菌《さいきん》の感染《かんせん》、農薬の影響《えいきょう》、環境《かんきょう》の悪化など、いくつかの原因《げんいん》が重なって発生したのだろうとされています。

ミツバチは家畜《かちく》と同等の生き物として扱《あつか》われていて、人間に飼養《しよう》されてはいますが、自然の中で花蜜《かみつ》や花粉《かふん》を集めるなど、生活は野生にあるといえます。人に飼養《しよう》される集団《しゅうだん》生活にくわえて、採餌《さいじ》などの野生の生活には、ミツバチのコロニーにとって脅威《きょうい》となる要因《よういん》があります。

それらの要因《よういん》のおもなものを見てみましょう。

ミツバチを直接《ちょくせつ》おびやかす寄生虫《きせいちゅう》や病気など

ミツバチは集団《しゅうだん》で飼養《しよう》されることで、病気や寄生虫《きせいちゅう》による被害《ひがい》が大きくなる傾向《けいこう》があります。ミツバチには、コロニーの維持《いじ》に大きなダメージをあたえる寄《き》生虫《せいちゅう》、ウイルスや細菌《さいきん》が引き起こす病気があります。集団《しゅうだん》生活をしているミツバチにとって、それらの寄生《きせい》や感染《かんせん》はコロニー中に広がって、致命的《ちめいてき》になることもあります。

〈ミツバチヘギイタダニ〉

アメリカで蜂群崩壊症候群《ほうぐんほうかいしょうこうぐん》（ＣＣＤ）が発生したとき、まず疑《うたが》われたのが、ミツバチヘギイタダニでした。

このダニはミツバチのさなぎに寄生《きせい》することで、巣の中で増《ふ》え、さなぎの体《たい》液《えき》を吸《す》って弱らせます。しかもそれだけでなく、なんとかさなぎが成虫になっても奇形《きけい》となり、そのまま成虫の体にとりついて、巣全体に広がっていきます。

さらにやっかいなことに、いろいろなウイルスを媒介《ばいかい》し、ミツバチのコロニーに大きなダメージをあたえます。世界中でもっとも深刻《しんこく》な害虫と恐《おそ》れられてきたために、ＣＣＤの原因《げんいん》と疑《うたが》われてもふしぎではありませんでした。日本では届出《とどけで》伝染病《でんせんびょう》に指定されています。

ミツバチヘギイタダニは、体長１・１ミリ、体幅《たいふく》１・５ミリの赤褐色《せっかっしょく》のダニで、もとはアジア産のトウヨウミツバチに寄生《きせい》していたのが、セイヨウミツバチに寄《き》生《せい》するようになりました。養蜂《ようほう》で飼養《しよう》されているセイヨウミツバチは、オスバチ

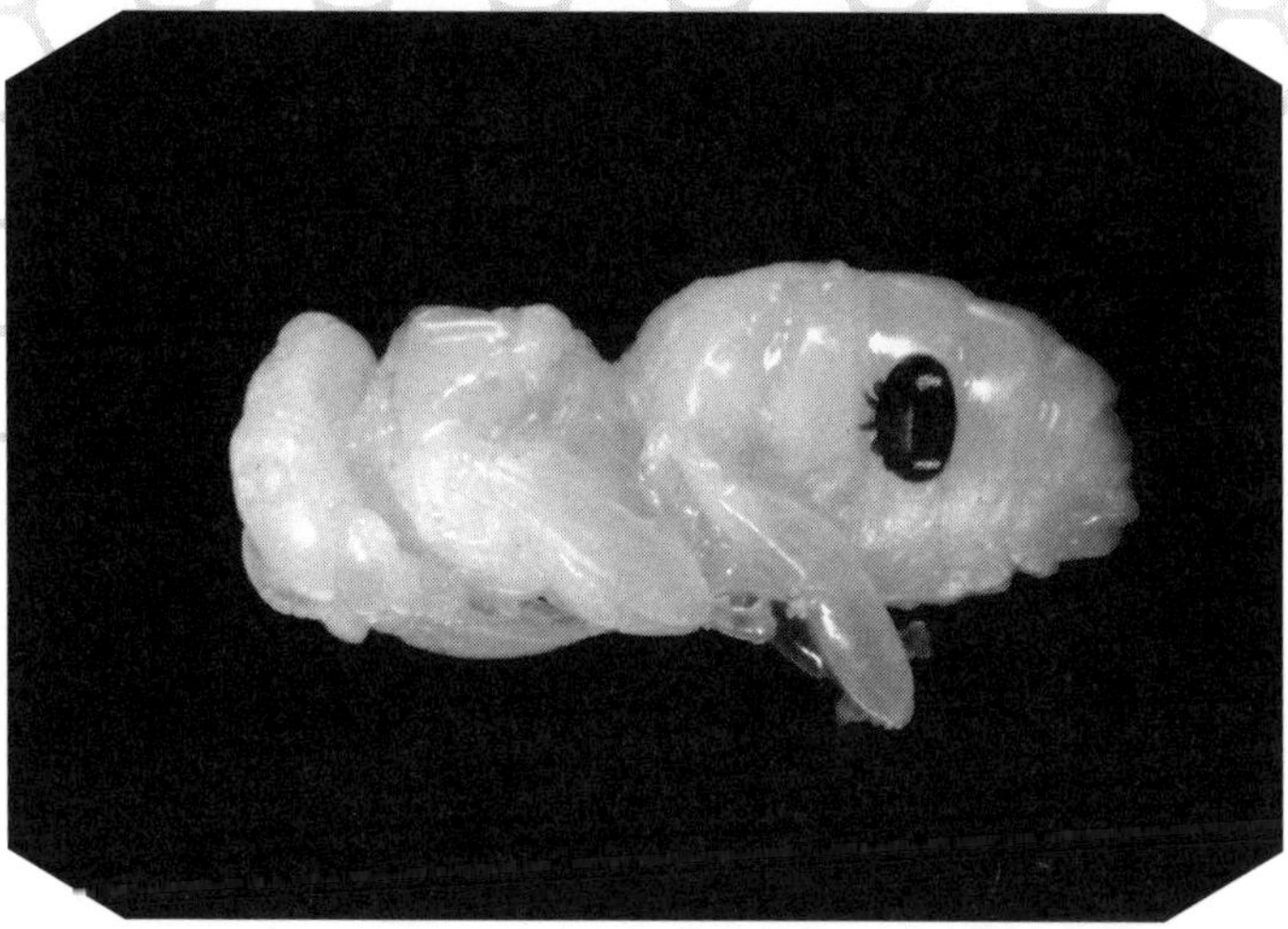

さなぎにとりついたミツバチヘギイタダニ。写真：玉川大学ミツバチ科学研究センター

の生産期間が長く、さなぎの期間もはたらきバチより長いので、それだけ寄生《きせい》したダニは繁殖《はんしょく》しやすくなります。

これといって対抗策《たいこうさく》を持たないセイヨウミツバチにとって、ミツバチヘギイタダニはまるで悪魔《あくま》のような寄生虫《きせいちゅう》です。CCDが発生する以前、１９６０〜１９７０年代にすでに、セイヨウミツバチの移動《いどう》でロシア〜ヨーロッパに広がり、１９８０〜１９９０年代にかけて各地でミツバチのコロニーに大きな被害《ひがい》をあたえています。そしてまたしてもミツバチの移動《いどう》でアメリカにわたり、またたく間にアメリカ全土に広がりました。
2022年6月には、これまで発生していなかったオーストラリアでミツバチへギイタダニが見つかり、世界中に広がったことになります。

ダニはミツバチの体液《たいえき》を吸《す》い、ミツバチは体力・免疫力《めんえきりょく》をうばわれます。また、かまれたきずから細菌《さいきん》、カビ、ウイルスが侵入《しんにゅう》します。ハチのウイルスは30種以上が知られていますが、おおくをミツバチへギイタダニが媒介《ばいかい》するとかんがえられています。

このダニが媒介《ばいかい》し、大きな被害《ひがい》をもたらす有名なウイルスを挙げてみます。

羽化した成虫のはねがちぢれてしまうのが、チヂレバネウイルスで、成虫には、寿命《じゅみょう》の短縮《たんしゅく》が見られます。成虫がけいれんの症状《しょうじょう》を示《しめ》し、飛べなくなり、やがて死んでしまうのが、急性麻痺《きゅうせいまひ》ウイルス、慢性麻痺《まんせいまひ》ウイルス、イスラエル急性麻痺《きゅうせいまひ》ウイルスです。

ミツバチヘギイタダニの寄生《きせい》と、チヂレバネウイルスと急性麻痺《きゅうせいまひ》ウイルスの感《かん》染《せん》は、ドイツでのミツバチコロニー消失の原因《げんいん》とされていて、イスラエル急性麻《きゅうせいま》痺《ひ》ウイルスの感染《かんせん》は、アメリカでのＣＣＤに関係しているのではないかと疑《うたが》われました。

ミツバチヘギイタダニの感染《かんせん》に関連するものをまとめて、バロア症《しょう》と呼《よ》びます。オスバチでは体重減《げん》、飛ぶ能力《のうりょく》の低下、精子《せいし》の減少《げんしょう》を起こし、はたらきバチでは寿命《じゅみょう》の短縮《たんしゅく》や、記憶能力《きおくのうりょく》、方向感覚、帰巣本能《ほんのう》に支障《ししょう》をきたします。集団飼育《しゅうだんしいく》の環境《かんきょう》にある養蜂《ようほう》では、ダニの弱毒《どく》化が起きにくいことも問題となっています（後述《こうじゅつ》）。

〈アカリンダニ〉

アカリンダニは、日本で届出《とどけで》伝染病《でんせんびょう》に指定されています。比較的《ひかくてき》、新しい感染症《かんせんしょう》です。アカリンダニはホコリダニの一種で、体長約０・１ミリの小さなダニです。気管壁《へき》に口吻《こうふん》を刺《さ》して、体液《たいえき》を吸《す》います。重症化《じゅうしょう》すると成虫は酸素《さんそ》不足におちいり、飛べずに歩きまわり、やがて死亡《しぼう》します。ダニが広がったコロニーは、消滅《しょうめつ》してしまいます。

アカリンダニはセイヨウミツバチにはあまり被害《ひがい》をもたらさず、ニホンミツバチにダメージをあたえます。ニホンミツバチは、セイヨウミツバチにくらべて、体が小さく気管が細いので、少ないダニでも寄生《きせい》されると気管が詰《つ》まってしまいます。また、女王バチの産卵《さんらん》数が相対的に少なく、新しいはたらきバチが更新《こうしん》されない分を、寿命《じゅみょう》をのばすことでカバーしていて、そのことが原因《げんいん》で気管内でダニが増《ふ》える時間が長くなることも、ニホンミツバチが被害《ひがい》を受けやすい原《げん》因《いん》だとかんがえられています。

〈腐蛆病《ふそ》〉

アメリカ腐蛆病菌《ふそびょうきん》によるアメリカ腐蛆《ふそ》病と、ヨーロッパ腐蛆病菌《ふそびょうきん》によるヨーロッパ腐蛆《ふそ》病があります。日本では、ふたつをまとめて腐蛆《ふそ》病として、家畜伝染病《かちくでんせんびょう》に指定されています。

アメリカ腐蛆《ふそ》病は、若《わか》い幼虫《ようちゅう》がアメリカ腐蛆病菌《ふそびょうきん》のまじった食べ物を食べて感《かん》染《せん》。さなぎの時期に死にます。死がいは、初めは糸を引きますが、やがて平たくなって乾燥《かんそう》してしまいます。幼虫《ようちゅう》への感染《かんせん》をくり返して、コロニーだけではなく、養蜂場《ようほうじょう》全体に被害《ひがい》をもたらします。世界中で、セイヨウミツバチに深刻《しんこく》な被害《ひがい》をあたえています。

ヨーロッパ腐蛆《ふそ》病は、若《わか》い幼虫《ようちゅう》がヨーロッパ腐蛆病菌《ふそびょうきん》のまじった食べ物を食べて感染《かんせん》し、やがて死んでしまいます。世界各地で発生し、コロニーに大きな被害《ひがい》をもたらします。

〈ノゼマ病〉

ノゼマ病は、ミツバチ成虫の消化管にノゼマ微胞子虫《びほうしちゅう》が寄生《きせい》することで発症《はっしょう》し、日本では届出伝染病《とどけでんせんびょう》に指定されています。ミツバチのノゼマ微胞子虫《びほうしちゅう》には、セイヨウミツバチ微胞子虫《びほうしちゅう》と、トウヨウミツバチ微胞子虫《びほうしちゅう》があり、どちらもセイヨウミツバチにもトウヨウミツバチにも寄生《きせい》します。

セイヨウミツバチ微胞子虫《びほうしちゅう》の感染《かんせん》では、下痢《げり》を起こし、ふんにふくまれる胞子《ほうし》がさらなる感染源《かんせんげん》となります。トウヨウミツバチ微胞子虫《びほうしちゅう》の感染《かんせん》では、下痢《げり》の症状《しょうじょう》はありませんが、コロニーの衰退《すいたい》が見られ、アメリカのＣＣＤの原因《げんいん》ではないかと注目され、スペインで発生したＣＣＤのような蜂群崩壊《ほうぐんほうかい》の原《げん》因《いん》ではないかとも疑《うたが》われました。

〈チョーク病〉

日本では、届出伝染病《とどけでてんせんびょう》に指定されています。

ハチノスカビの胞子《ほうし》が、ふ化後３〜４日の幼虫《ようちゅう》の体に入って感染《かんせん》し、さなぎの時期になって死亡《しぼう》すると体表に菌糸《きんし》が出てきて、チョークのように白っぽいミイラ状《じょう》に固まってしまう病気です。長雨で湿気《しっけ》がおおい時期に、栄養状態《じょうたい》がよくないコロニーで発生しやすくなります。

セイヨウミツバチで被害《ひがい》が深刻《しんこく》です。日本では薬はありません。

ミチバチが被害《ひがい》を受ける寄生虫《きせいちゅう》や微《び》生物の病気の代表的なものを取り上げましたが、ミツバチにはそのほかにもさまざまな寄生《きせい》生物や病気があります。

〈農薬・殺虫剤《さっちゅうざい》〉

農業にとってもっとも手強い敵《てき》のひとつが昆虫《こんちゅう》で、まとめて害虫とよびます。その害虫を駆除《くじょ》するために農薬を使いますが、花粉《かふん》を運び、農作物を豊《ゆた》かに実らせてくれるポリネーターであるミツバチも昆虫《こんちゅう》です。ミツバチもある程度《ていど》の農薬による被害《ひがい》を受けてきています。

アメリカで、そして世界各地で発生したコロニーの消滅《しょうめつ》でも、農薬が原因《げんいん》なのではないかと疑《うたが》われました。

・農薬ネオニコチノイド

植物は天敵《てんてき》の害虫に対抗《たいこう》するために、虫よけ成分や殺虫《さっちゅう》成分を自然に獲得《かくとく》してきました。こうした植物の天然成分ににせて、効能《こうのう》をより高めた化学合成農薬が開発されてきました。

たとえばピレスロイド系《けい》といわれる農薬は、シロバナムシヨケギク（除虫菊《じょちゅうぎく》ともよばれる）の成分ににせ、カーバメート系《けい》といわれる農薬は、カラバルというマメ科植物にふくまれる毒《どく》成分ににせて合成されました。

1980年代に開発され、1990年代に急速に使われるようになったのが、ネオニコチノイド系《けい》の農薬です。ニコチンという成分は、タバコの葉におおくふくまれていますが、トマト、ジャガイモなどにも微量《びりょう》ながらふくまれていて、ニコチンににせてつくられたのがネオニコチノイドです。

ネオニコチノイドの成分には、イミダクロプリド、チアメトキサム、クロチアニジン、アセタミプリド、チアクロプリド、ジノテフラン、ニテンピラムがあります。

ネオニコチノイドというと、一般的《いっぱんてき》になじみのあるものではないとおもうかもしれません。しかし、ペットのノミの駆除剤《くじょざい》、家庭用ゴキブリ・コバエ駆除剤《くじょざい》、家庭菜園用殺虫剤《さっちゅうざい》などにふくまれていて、身のまわりでふつうに使われています。

生き物は、神経細胞《しんけいさいぼう》どうしや神経《しんけい》と筋肉《きんにく》などが神経伝達物質《しんけいでんたつぶっしつ》をやりとりすることで、正常《せいじょう》な判断《はんだん》をしたり、動きをしたりします。その神経伝達物質《しんけいでんたつぶっしつ》の受け取りをする受容体《じゅようたい》に、農薬の成分が結合すると、正常《せいじょう》な情報《じょうほう》伝達物質《ぶっしつ》の受け取りがじゃまをされます。その結果、神経《しんけい》の異常《いじょう》な興奮《こうふん》を起こし、方向感覚や短期の記憶《きおく》をなくしたり、食欲《しょくよく》をなくしたりしたあとに、けいれんを起こして死んでしまいます。こうした作用のある農薬の中でもネオニコチノイドは、せきつい動物には毒性《どくせい》が低く、昆虫《こんちゅう》に強い毒性《どくせい》を持つことが特徴《とくちょう》とされています。

日本では、ネオニコチノイドは散布《さんぷ》用がほとんどですが、ヨーロッパやアメリカでは、ヒマワリ、トウモロコシ、ナタネなどの種子にコーティングします。種子はまかれると、土の中でコーティングが溶《と》け、発芽して成長していくうちに、根から農薬成分が吸収《きゅうしゅう》され、茎《くき》、葉、花など体全体に浸透《しんとう》していき、昆虫《こんちゅう》の害から守られます。浸透性《しんとうせい》があることから、浸透性《しんとうせい》農薬と呼ばれます。

噴霧《ふんむ》しない浸透性《しんとうせい》農薬は、環境《かんきょう》が汚染《おせん》されることがなく、植物の体全体に長く残り、少量でよく効果《こうか》を上げます。さらに雨がふっても流されることがないので、追加の噴霧《ふんむ》がひつようなく、使用量や作業量をおさえられるとヨーロッパやアメリカでは歓迎《かんげい》されました。

・ネオニコチノイド規制《きせい》の動き

農薬によるミツバチの被害《ひがい》は、19世紀《せいき》末からすでに問題になっていた歴史《れきし》があり、ずっと規制《きせい》をしようという動きがありました。その中で、1994年にフランスで、ヒマワリなどの種子にイミダクロプリドというネオニコチノイドが使われました。その結果、ミツバチがけいれんし、方向感覚をなくしてコロニーの数が激減《げきげん》するなどの被害《ひがい》が生じ、ネオニコチノイドが原因ではないかと注目が集まりました。このミツバチ被害《ひがい》は当時、狂蜂病《きょうほう》とよばれました。

ヨーロッパやアメリカでは、ネオニコチノイドは種子にコーティングするので、虫たちがやってくる作物の開花期に散布《さんぷ》することがなく、農地の環境《かんきょう》を汚染《おせん》することがないと評価《ひょうか》されていましたが、大型《おおがた》機械で大量に播種《はしゅ》するときに、コーティングされた農薬がはがれ落ちるなどして土にまじり、それが空中にまい上がることで、採餌《さいじ》にやってきたミツバチたちに付着して、被害《ひがい》をもたらすことがあるのではないかと危惧《きぐ》されるようになりました。その後、徐々《じょじょ》に各国でネオニコチノイドの規制《きせい》や登録失効《しっこう》がなされ、EUでは国による政策《せいさく》のちがいで例外はあるものの、基本《きほん》的にほとんどの国で、おおくのネオニコチノイド系農薬の使用が禁止《きんし》されるようになっています。世界でも、EUのようにネオニコチノイドを規制《きせい》、あるいは禁止《きんし》するようになった国はたくさんあります。

ただし、オーストラリア、ニュージーランド、日本のように規制《きせい》まではしていない国もあります。

・日本での農薬被害《ひがい》

日本でもミツバチの農薬被害《ひがい》が心配され、それを受けて、農林水産省が2013～2015年、調査《ちょうさ》をおこないました。

調査《ちょうさ》の結果、CCDの発生はないものの、農薬による被害《ひがい》とおもわれる事例が報告《ほうこく》されました。被害《ひがい》が発生するのは、イネ成育中のカメムシ防除《ぼうじょ》の時期におおいことがわかりました。カメムシは水田のまわりの雑草《ざっそう》で待機していて、7～9月にイネの穂《ほ》が出ると水田に移動《いどう》してきて、米粒《こめつぶ》の中にある乳《ちち》のようなデンプンを吸《す》います。デンプンを吸《す》われたコメは、成育が停止《ていし》したり、黒いしみができたりします。そうすると、コメは商品としての価値《かち》が下がってしまいます。

農家としては、せっかく育てたコメが安くなってはたまりません。そこでカメムシ対策《たいさく》として、ネオニコチノイドなどの農薬を散布《さんぷ》します。ミツバチは、この農薬の被害《ひがい》を受けたとかんがえられます。直接《ちょくせつ》農薬をあびるほか、植物の花蜜《かみつ》や花粉《かふん》に移行《いこう》した農薬を巣に持ち帰ったのではないかとされています。

イネは風によって花粉《かふん》が運ばれる風媒花《ふうばいか》で、受粉《じゅふん》にミツバチはひつようないのですが、花の少ない夏ということもあって、ミツバチはイネの花粉《かふん》を集めます。しかし、イネの開花している期間は短いのでイネの花粉《かふん》による被害《ひがい》ではなく、水田の周囲《しゅうい》のシロツメクサなどの雑草《ざっそう》の花粉《かふん》や花蜜《かみつ》を集めることで、農薬被害《ひがい》を受けているのではないかとかんがえられています。

農薬が原因《げんいん》とおもわれるミツバチ被害《ひがい》は、最近では平均《へいきん》で年間30件《けん》ほど発生しています。被害防止《ひがいぼうし》のために、役所や農業団体《だんたい》、養蜂《ようほう》組合が中心となって、農家と養蜂家《ようほうか》とのあいだで、ネオニコチノイドなどの農薬散布《さんぷ》時期と場所、ミツバチの巣箱《すばこ》などの情報交換《じょうほうこうかん》をし、農薬散布《さんぷ》時にミツバチの巣箱《すばこ》を避難《ひなん》させたり、散布剤《さんぷざい》ではなく粒剤《りゅうざい》を利用したりするなどの対策《たいさく》をとるようにしています。

農業が大規模《きぼ》化されて、収穫《しゅうかく》を上げるためには、どうしても農薬使用はさけることができません。一部の研究者は、ネオニコチノイドにくわえて、ほかの農薬と複合《ふくごう》的にさらされることが毒性《どくせい》を高めて、ミツバチにとって問題になるのではないかと指摘《してき》しています。

また、ダニや細菌《さいきん》が薬剤《やくざい》にたいして抵抗力《ていこうりょく》をつけることも問題になっています。ダニが強毒性《どくせい》を保《たも》つことは、宿主であるミツバチの寿命《じゅみょう》を短縮《たんしゅく》させたり、繁殖《はんしょく》率《りつ》を下げて寄生《きせい》するミツバチの数をへらすことになります。それは、ダニにとってもよいことではなく、通常《つうじょう》、強毒性《どくせい》のダニは弱毒《どく》化します。野生化したミツバチのコロニーでは、ダニの弱毒《どく》化が起こり、寄生《きせい》されてもコロニーに対する影響《えいきょう》は小さいことからもそれはわかります。

ところが、養蜂《ようほう》での集団飼養状態《しゅうだんしようじょうたい》では、ダニに弱毒《どく》化が起きにくくなっています。そこでダニの駆除《くじょ》のために、つねに殺虫剤《さっちゅうざい》を使用することになります。すると、ミツバチがダニに抵抗性《ていこうせい》を持つことが妨《さまた》げられ、しかもダニはダニ駆除剤《くじょざい》に抵抗性《ていこうせい》を持ってしまうということが起きています。

ミツバチをさらにおびやかす危機《きき》

これまでのべた、ミツバチへギイタダニなどの寄生虫《きせいちゅう》やウイルス、細菌《さいきん》などによる病気、農薬の害といったミツバチの生命を直接《ちょくせつ》おびやかす脅威《きょうい》のほかにも、ミツバチを取り巻《ま》く環境《かんきょう》の悪化など危機《きき》はいろいろあります。

〈自然環境《かんきょう》の悪化〉

国連食糧農業機関《こくれんしょくりょうのうぎょうきかん》（ＦＡＯ）の発表によると、世界の森林は

1990〜2020年の30年間で、1億7800万ヘクタール＝日本全体の面積の約5倍もの広さが減少《げんしょう》していて、現在40・5億ヘクタールということです。

とくに減少《げんしょう》がはげしいのは、ブラジルのアマゾンやコンゴ民主共和国の熱帯雨林、インドネシアの島々《しまじま》などで、木材の伐採《ばっさい》、炭の生産、焼き畑、大規模《きぼ》農地や家畜《かちく》の牧場などをつくることを目的に森林が消えています。生き物にとって、重要な生息地である森林が失われています。

アマゾンやインドネシアの島で起きていることは、特別なことではなく、ごく身近でもおなじような自然環境《かんきょう》の減少《げんしょう》が起きています。宅地《たくち》、大規模《きぼ》な娯楽施設《ごらくしせつ》、道路などの開発によって自然は失われています。

しかも近年の農業は効率《こうりつ》を求めて大規模《きぼ》化され、ナタネならナタネだけ、ダイズならダイズだけといったように、単一の作物を広大な農地で育てるようになっています。農地は、まわりの森林、原野と切り離《はな》されて、ハナバチ、チョウ、甲《こう》

●世界の森林面積

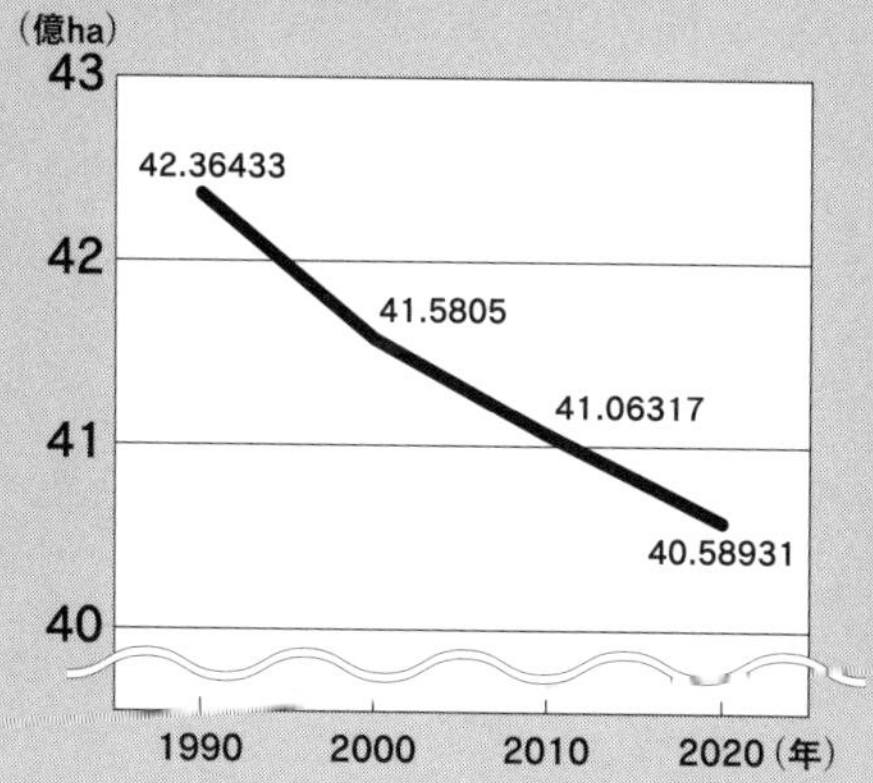

出所：国連食糧農業機関（FAO）

虫《ちゅう》など野生のポリネーターは生活できず、ますますミツバチの役割《やくわり》が重要となっていますが、こうした状況《じょうきょう》は、ミツバチにとってもそれほどよいことではありません。

活動範囲の中に蜜源《みつげん》・花粉源《かふんげん》植物が多様であることは、ミツバチにとっても重要です。花蜜《かみつ》と花粉《かふん》を集める蜜源《みつげん》植物《しょくぶつ》が遠くなると効率《こうりつ》のわるい労働で過労状態《かろうじょうたい》になったり、単一的な食べ物で貧《ひん》栄養状態《じょうたい》におちいり、免疫《めんえき》が低下してコロニーにいきおいがなくなったり、病気が広がってしまったりすることがかんがえられています。

〈**ストレス**〉

ヨーロッパの国では、ナタネ、ヒマワリなど虫に受粉《じゅふん》をたよっている作物の栽培《さいばい》面積が増《ふ》えたにもかかわらず、マルハナバチなどの自然界にいる野生のポリネーターの生息環境《かんきょう》が悪化し、ミツバチにたよるほかなくなりつつあります。

アメリカのカリフォルニア産のアーモンドは、世界生産の約75パーセントを占《し》め、その受粉《じゅふん》には毎年130万コロニー、全アメリカのコロニーの半分が必要なほど、ミツバチにたよるようになってきています。アメリカのミツバチは、2月にカリフォルニアのアーモンドが開花し、その受粉《じゅふん》が終わると、トラックにのせられて、ワシントン州のリンゴ、5月にはサウスダコタのヒマワリ・キャノーラ、6月にはメイン州のブルーベリー、7月ペンシルベニアのカボチャと、毎年数千キロの移動《いどう》をさせられます。

アメリカ・カリフォルニア州の広大なアーモンド園。ミツバチによる受粉《じゅふん》が欠かせない。

　ミツバチたちは、こうした花粉《かふん》の受粉《じゅふん》に駆《か》り出されて酷使《こくし》され、大きなストレスをかかえているといわれています。

　日本でも転飼《てんし》と呼《よ》ばれるトラックでの長距離移動《ちょうきょりいどう》があり、春でも晴天のときには30度を超《こ》す高温多湿《たしつ》のせまいハウスの中で受粉《じゅふん》をするなどストレスにさらされています。

6　ミツバチはへっているのか

ミツバチがいなくなることってあるの？

ミツバチには、いくつもの脅威《きょうい》があることがわかりました。ではミツバチがいなくなることがあるのでしょうか。ミツバチがいない世界を想像《そうぞう》してみましょう。

ミツバチに関して、理論《りろん》物理学者アルバート・アインシュタイン博士《はかせ》がいったとされている言葉があります。

「ミツバチが地球上からいなくなると、人類はわずか4年しか生きられない」。

ミツバチがいなくなると、作物ができなくなって、人類が生き延《の》びることができないという意味だとおもわれます。

とても有名な博士《はかせ》のセンセーショナルな言葉ということで、いろいろな記事に引用されてきました。でも、いまではこれは博士《はかせ》のいったことではないとされています。

でも、もしミツバチが絶滅《ぜつめつ》したら本当に人間は生きられないのでしょうか。

世界の主要作物100種のうち、約75パーセントが受粉《じゅふん》を昆虫《こんちゅう》にたよっていて、その約80パーセントにミツバチがかかわっているとされます。そういわれると、それだけの食べ物がなくなってしまうとおもうかもしれません。でもそれはちがいます。生産量でいうとミツバチなどの生き物に頼《たよ》っているのは約35パーセントなのです。それ以外の65パーセントは、コメ、トウモロコシのような、風に花粉《かふん》を運んでもらって結実したり、サツマイモやジャガイモのように、地下茎《ちかけい》や種イモで育ったりする作物で、おおくは主食にあたります。

そのため、ミツバチがいなくなっても、食べるものがなくなってしまうわけではありません。ひとまずホッとできる話ですね。

でもイチゴ、メロン、ブルーベリー、カボチャ、ソバ…食卓《しょくたく》に彩《いろど》りや、主食を補完《ほかん》する栄養素《えいようそ》をあたえてくれる作物が、かんた

リンゴの受粉《じゅふん》。天候によっては、ミツバチが活発に訪花《ほうか》しないので、人の手がいる。

んには手に入らなくなります。栄養素《えいようそ》だけに注目しても、たとえばビタミンAは、約50パーセントがポリネーターをひつようとする作物にたよっています。ポリネーターがいなくなれば、人の手や受粉機《じゅふんき》などを使い、なんらかの方法で人間が受粉《じゅふん》をさせないといけなくなるでしょう。

人の手で、リンゴ園のリンゴを受《じゅ》粉《ふん》するとどうなるかという試算があります。1ヘクタール（100×100メートル）に植えられているリンゴの木を、受粉《じゅふん》させるといくらかかるのか、アメリカのマサチューセッツ工科大学の大学院生たちが計算しました。それによると、1ヘクタールのリンゴ畑なら、2段《だん》の巣箱《すばこ》のミツバチで受粉《じゅふん》が可能《かのう》で、その値段《ねだん》はわずか5000円ほど。それにたいして、作業員を雇《やと》う人件費《じんけんひ》などをふくめて、人間の手でやると65~80万円もかかるということでした。ずいぶんと高くつくことになりますね。

日本ではリンゴやナシ園で、バケツに入れた花粉《かふん》を、ポンポンで花のめしべにつけたり、受粉機《じゅふんき》を使ったりして受粉《じゅふん》させます。アメリカの大規模農園と違い、面積が小さいからできることですが、手間がかかり、人を雇《やと》うひつようがあるのでやはりたいへんです。

花をつける作物の受粉《じゅふん》を、すべて人の手でやるなどということなど不可能《かのう》なことはかんたんに想像《そうぞう》がつくでしょう。

ミツバチは増《ふ》えている!

先進国であるアメリカやドイツで、原因《げんいん》不明のはたらきバチの大量失踪《しっそう》・蜂群《ほうぐん》崩壊症候群《ほうかいしょうこうぐん》(CCD)や、ダニやウイルスによるコロニーの大量損失《そんしつ》が大々的《だいだい》に報道《ほうどう》されたためか、ミツバチが注目されるようになりました。その結果、「イタリアではコロニーの19パーセントが失われた(2009~2010年)」とか、「ヨーロッパではイギリス28・8パーセント、ベルギー33・6パーセント、デンマーク20・2パーセントのコロニーが失われた(2012~2013年)」、「ブラジルでは3か月で5億匹《ひき》のミツバチが死亡《しぼう》(2019年)」などと、センセーショナルに伝えられ、世界規模《きぼ》でミツバチコロニーが減少《げんしょう》している印象《いんしょう》です。

「アメリカでは毎年30パーセントのミツバチのコロニーが減少《げんしょう》…」などという記

事を読むと、このままではミツバチはもうだめなんじゃないのかと心配してしまいます。ミツバチは、どんどんへっているのでしょうか。30パーセントの減少《げんしょう》については、ちゃんとした説明がひつようです。

Bee Informed Partnership（BIP）という団体《だんたい》があります。この団体《だんたい》は、ミツバチのCCD以降《いこう》、アメリカの農業科学の研究所と大学のコラボレーションで、アメリカでのミツバチ減少《げんしょう》を調べ、ミツバチをより健康に管理する方法をさぐる目的で活動しています。このBIPによる調査《ちょうさ》で、アメリカでのミツバチコロニーの損失率《そんしつりつ》が調べられています（**図1**）。

記録を発表し始めた2008年以来の平均《へいきん》で、冬の損失率《そんしつりつ》は28・3パーセント、年間の損失率《そんしつりつ》は39・4パーセントです。さきにあげた「毎年30パーセント」というのはこの数値《すうち》に由来していますが、国連食糧農業機関《こくれんしょくりょうのうぎょうきかん》（FAO）のデータによると、アメリカのミツバチのコロニー数は260〜270万ほどで、何年もほぼ変化していません（**図2**）。

この安定は、養蜂家《ようほうか》が古い女王バチを人為《じんい》的に交代させてコ

●アメリカ コロニー損失率　図1

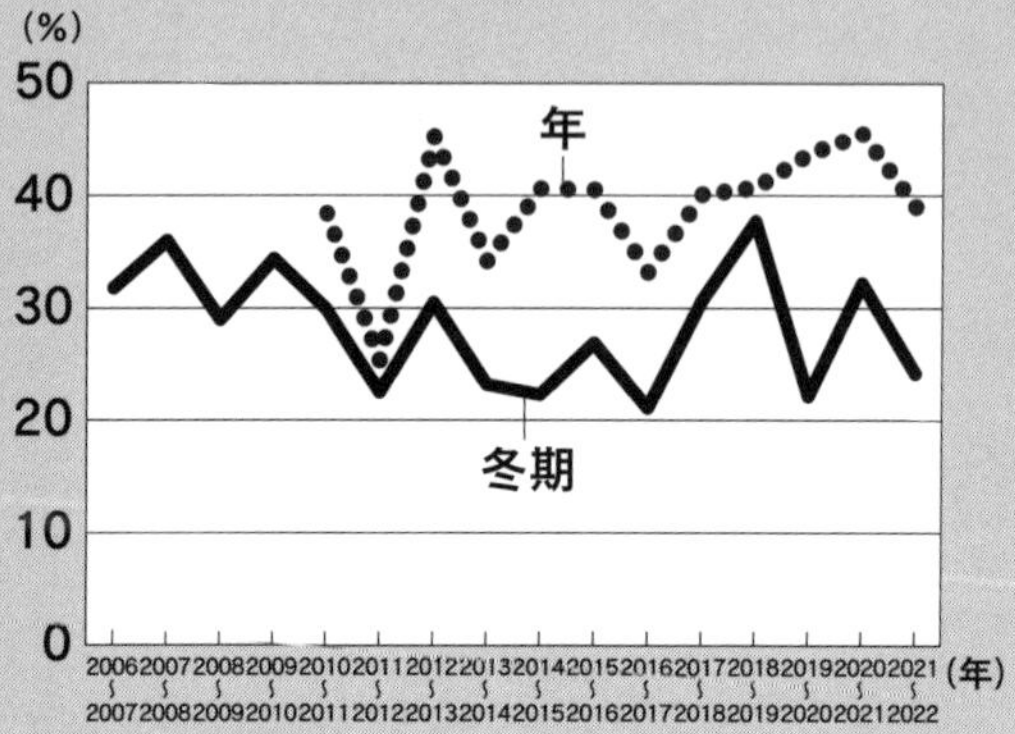

出所：Bee Informed Partnership

●アメリカコロニー数　図2

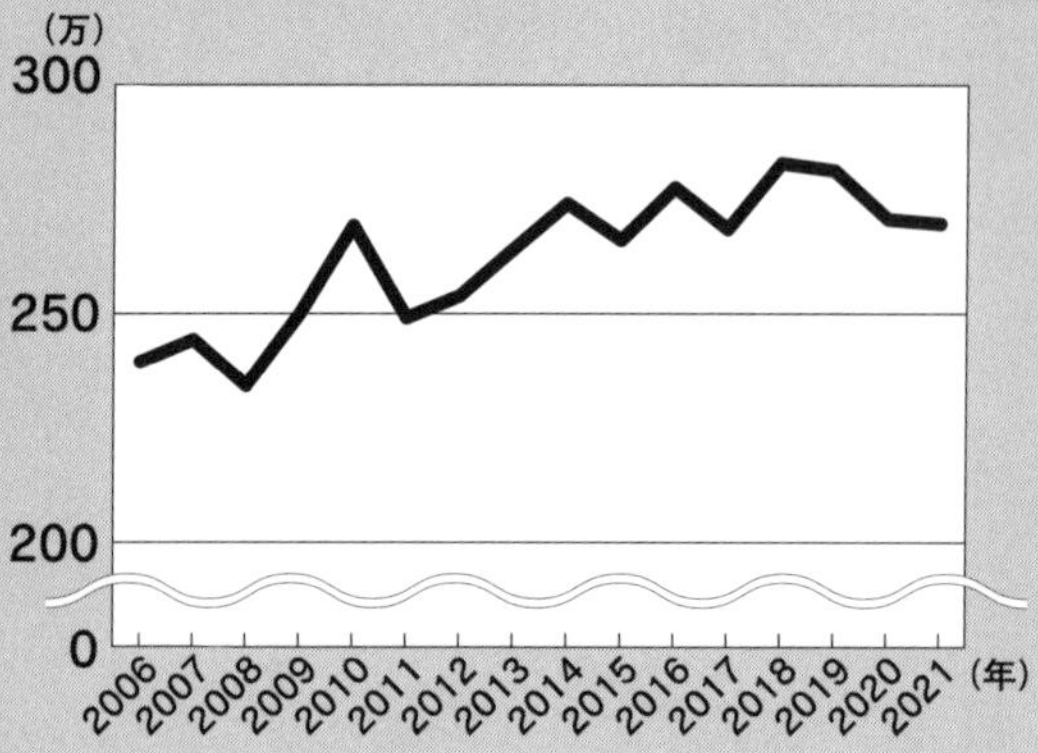

出所：国連食糧農業機関(FAO)

ロニーをフレッシュにしたり、コロニーを増《ふ》やしたり、新しいコロニーを買うなどして補充《ほじゅう》している努力の結果です。

ヨーロッパでもおなじように、ドイツやオーストリアなどミツバチコロニーがへっている国があるいっぽうで、スペインやイタリアなどでは増《ふ》えていて、EU（欧州連合《おうしゅうれんごう》）全体ではミツバチコロニーは増《ふ》えており、2021年で約1960万コロニーです（**図3**）。

世界でみても、ミツバチのコロニーは増《ふ》えていて、2021年で約1億160万コロニーとなっていて、けっしてテレビニュースやインターネットの記事などが伝えるようにミツバチが減少《げんしょう》してはいないことがわかります（**図4**）。

では、ミツバチや養蜂《ようほう》はこれからも手放しで安心していられる状況《じょうきょう》なのでしょうか。

アメリカでは、年間30パーセントほどのミツバチコロニーの損失《そんしつ》となっていますが、ふつう越冬《えっとう》中に失われるコロニーは、アメ

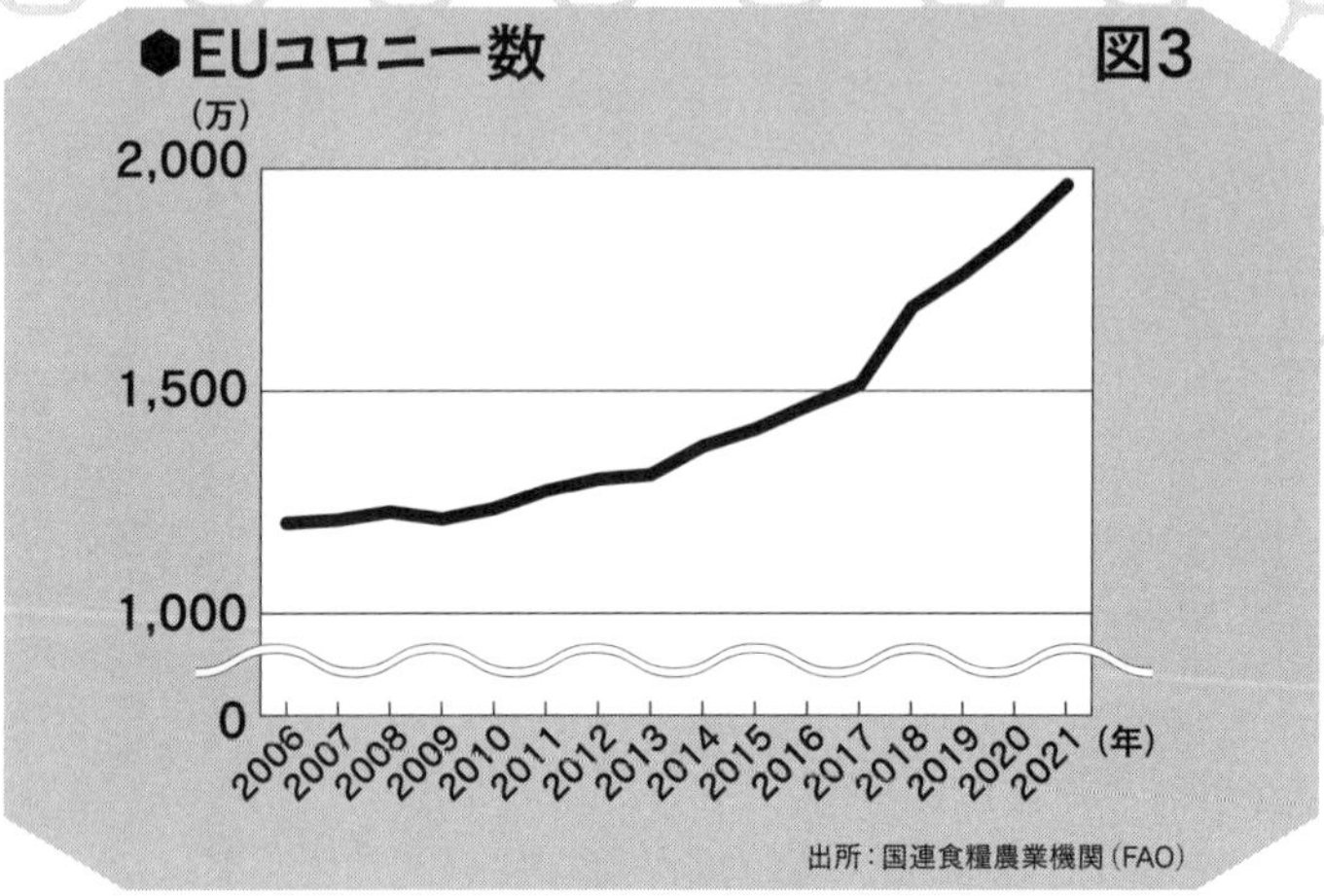
●EUコロニー数
図3
（万）
2,000
1,500
1,000
0
2006
2007
2008
2009
2010
2011
2012
2013
2014
2015
2016
2017
2018
2019
2020
2021
（年）
出所：国連食糧農業機関（FAO）

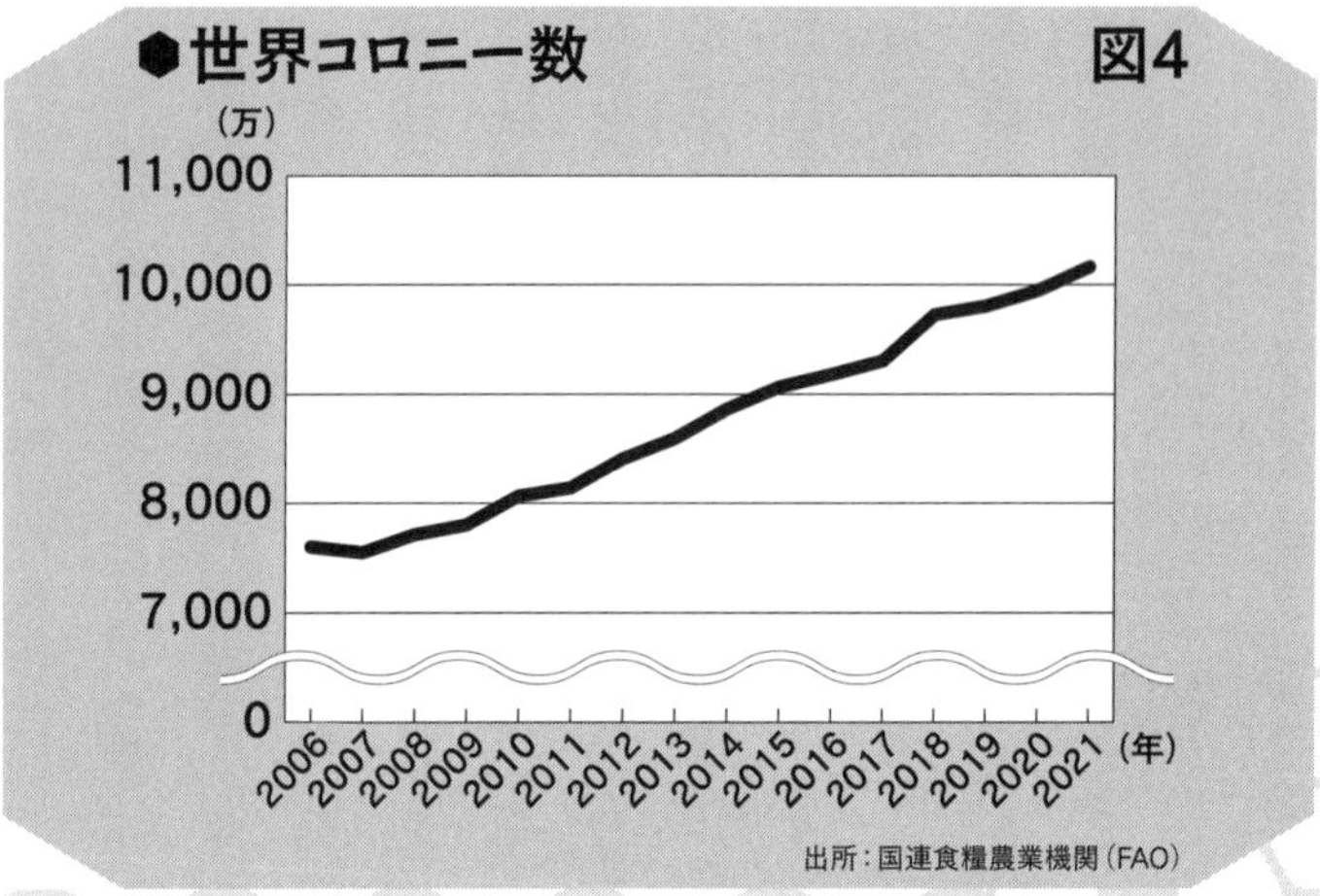
●世界コロニー数
図4
（万）
11,000
10,000
9,000
8,000
7,000
0
2006
2007
2008
2009
2010
2011
2012
2013
2014
2015
2016
2017
2018
2019
2020
2021
（年）
出所：国連食糧農業機関（FAO）

リカやヨーロッパでは全体の10～15パーセントで、養蜂家《ようほうか》が許容《きょよう》できるコロニー損失《そんしつ》は冬で20数パーセントとされています。養蜂家《ようほうか》の努力でコロニー数が保《たも》たれているとはいえ、やはり30パーセントの損失《そんしつ》というのはよい状態《じょうたい》ではけっしてありません。

ミツバチを助けよう

寄生虫《きせいちゅう》・病気、農薬被害《ひがい》、蜜源《みつげん》不足など、ミツバチがかかえている問題はたくさんあります。ミツバチをささえようと、世界中でいろいろな手立てをしています。

〈適正《てきせい》な飼養《しよう》管理で寄生虫《きせいちゅう》・病気を防《ふせ》ぐ〉

ダニなどの寄生虫《きせいちゅう》や細菌《さいきん》、ウイルスによる病気に対しては、薬剤《やくざい》を使います。ただ、薬剤《やくざい》を使用するうちに、次第に薬剤《やくざい》に抵抗《ていこう》性《せい》を持つ寄生虫《きせいちゅう》があらわれることも起きています。そのため化学合成ではなく、ダニが抵抗性《ていこうせい》を持たないオーガニック系《けい》の薬剤《やくざい》が注目されています。

さらに、対ダニ抵抗性《ていこうせい》を持つミツバチがいて、これをダニに強い新系統《けいとう》のミツバチとして確立《かくりつ》することもかんがえられています。

また、養蜂家《ようほうか》が衛生的《えいせい》なミツバチの飼養《しよう》管理をすることが求められ、感染症《かんせんしょう》の対策《たいさく》として、感染予防《かんせんよぼう》に力を入れるようになっています。養蜂《ようほう》事業の関係者の団《だん》体《たい》である日本養蜂《ようほう》協会では、養蜂《ようほう》の消毒技術《しょうどくぎじゅつ》の手引書を制作《せいさく》し、それをもとに養《よう》蜂家《ほうか》や関連事業者に講習会《こうしゅうかい》を開き、消毒《しょうどく》の技術《ぎじゅつ》を普及《ふきゅう》させる活動をしています。

このように寄生虫《きせいちゅう》や病気は、適正《てきせい》な飼養《しよう》や巣の管理で、ある程度防《ていどふせ》ぐことができます。ところが、花粉《かふん》交配用のミツバチを貸《か》したり、販売《はんばい》したりする相手は、ハウスなどの施設《しせつ》園芸家や農家で、養蜂《ようほう》の専門家《せんもんか》でないために、ミツバチをうまく飼養《しよう》管理できないことがあります。

日本でも、農林水産省や日本養蜂《ようほう》協会などは、ハウス等の施設《しせつ》内の温度や湿度《しつど》管理、施設《しせつ》内での巣箱《すばこ》の置き場所、農薬の取り扱《あつか》いなどに関するパンフレットを配ったりガイドを発表するなど、ミツバチ飼養《しよう》の知識《ちしき》の普及《ふきゅう》をはかっています。

〈**農薬の被害《ひがい》をさける**〉

２００６年、アメリカで蜂群崩壊症候群《ほうぐんほうかいしょうこうぐん》（ＣＣＤ）が発生し、ヨーロッパや南アメリカなどの世界各地でもＣＣＤのようなミツバチがいなくなるできごとがあったとき、ネオニコチノイド系《けい》農薬が原因《げんいん》としてうたがわれました。それ以降《いこう》、世界《かい》の多くの国でネオニコチノイド系《けい》農薬の登録が取り消されたり、全面的に使用が禁止《きんし》されたりするようになりました。

しかし、オーストラリアのように、調査《ちょうさ》の結果、ミツバチには、ネオニコチノイド系《けい》農薬はほかの農薬以上の危険《きけん》はなく、農作物を保護《ほご》するうえで効果《こうか》があるとして、ネオニコチノイド系《けい》農薬の使用制限《せいげん》はしない国もあります。日本でもネオニコチノイド系《けい》農薬は、作物栽培《さいばい》上有効性《ゆうこうせい》があるとして、使用制限《せいげん》はされていません。

環境《かんきょう》問題を取り上げるときに、標的になりやすいのが農薬です。しかし日本で、農薬を使わない、あるいはある生育の時期に限《かぎ》られた農薬を使うなどの有機農業を行っている面積は、全農地のわずか0・2パーセントでしかありません。農薬なしでは、全国民の食料をまかなうことなどできません。ということは、消費者《しょうひしゃ》であるわたしたちは、多かれ少なかれ農薬の恩恵《おんけい》を間接《かんせつ》的にも受けていることを自覚するべきだ、と指摘《してき》する研究者もいます。

しかも近年は、農薬を登録するときの毒性評価《どくせいひょうか》がきびしくなっていて、登録が許可《きょか》されている農薬も定期的に最新の科学的知見にもとづいて再評価《さいひょうか》され、ミツバチに対して毒性《どくせい》の高い農薬の散布《さんぷ》対象《たいしょう》から、ミツバチがおとずれる作物を外したりするなど、細かな対策《たいさく》がされるようになってきました。

〈蜜源《みつげん》をもっと豊《ゆた》かに〉

ミツバチは巣からだいたい半径2キロメートルくらいを飛んで、花蜜《かみつ》や花粉《かふん》を採集《さいしゅう》しているといわれています。巣のそばにいつも花があるわけではなく、季節が変わるとべつの花がべつの場所に咲《さ》いていきます。つねに安定的に花蜜《かみつ》や花粉《かふん》を得《え》られるわけではなく、とくに夏は花が少なくなる季節です。

そこで、ミツバチのために、農地の中や水田のそばに、農薬汚染《おせん》がない花畑を用意するなど、対策《たいさく》がかんがえられています。花畑にミツバチが行くことで、蜜《みつ》源《げん》・花粉源《かふんげん》を確保《かくほ》することにくわえて、農薬にさらされることもさけられるわけです。

アメリカの各地ではむかしから、トウモロコシやダイズなどの大規模《きぼ》農地の中や周辺に、作物とはちがう植物を帯状《おびじょう》に植えるプレーリーストリップ（草原の帯）とよばれる草地がつくられています。これはミツバチやチョウなどに生息地と食べ物を確保《かくほ》し、土や肥料《ひりょう》、水が農地外に流れでるのを防《ふせ》ぐのを目的にしています。

ミツバチが利用できる蜜源植物《みつげんしょくぶつ》がへっていることは、全世界的な問題といわれています。このことに危機感《ききかん》を持ち、日本でも各地で蜜源植物《みつげんしょくぶつ》を増《ふ》やそうという試みがなされています。

ミツバチの研究部門がある大学、養蜂家《ようほうか》、種苗《しゅびょう》会社、農薬や農業用器具をあつかう会社、地域《ちいき》の役所などが協力して耕作放棄地《こうさくほうきち》に草花を植えてミツバチの花蜜《かみつ》と花粉資源《かふんしげん》を育てる取り組みや、ミツバチをとおして多様な自然を保護《ほご》することを目的にした学校やＮＰＯ法人（特定非営利活動法人《とくていひえいりかつどうほうじん》）の活動、国の補助《ほじょ》を受けた養蜂振興《ようほうしんこう》事業としてレンゲ、ナタネ、ヒマワリなどの草、トチ、サクラ、クロガネモチ、ケンポナシなどの樹木《じゅもく》を植える取り組みが全国で行なわれています。

蜜源植物《みつげんしょくぶつ》を増《ふ》やす取り組みは、ミツバチ以外の昆虫《こんちゅう》や鳥、小動物などのポリネーターたちの生活にとってもたいせつです。

施設《しせつ》の外での栽培《さいばい》（露地栽培《ろじさいばい》）では、施設栽培《しせつさいばい》と露地栽培《ろじさいばい》を合わせた、すべてのポリネーターの花粉《かふん》交配による貢献《こうけん》６６８６億円のうち、野生や半野生の昆虫《こんちゅう》などの貢献《こうけん》が、なんと約半分の3466億円分を担《にな》っていると推測《すいそく》されています（123ページ）。

さらに、果実の受粉《じゅふん》で、ミツバチと野生のポリネーターがたがいに補完《ほかん》しあっているという研究があり、いろいろなポリネーターが活躍《かつやく》することで、果樹《かじゅ》の受《じゅ》粉《ふん》が効率《こうりつ》よく行なわれ、果実の生産量や品質《ひんしつ》がぐっと上がることが期待されています。ミツバチは扱《あつか》いやすく飼養《しよう》しやすいポリネーターなのですが、さまざまなポリネーターが花を訪《おとず》れる環境《かんきょう》のほうが受粉《じゅふん》の効率《こうりつ》がよく、そのためにも農作物・果樹《かじゅ》だけではなく、野生の草や樹木《じゅもく》が多様な環境《かんきょう》であることが重要なのです。

大々的《だいだい》な活動だけでなくてもよいのです。飼育《しいく》はできなくても、自宅《じたく》で庭にミツバチの蜜源《みつげん》や花粉源《かふんげん》になる草花や樹木《じゅもく》を育てることで、ミツバチたちの活動を助けることができます。

注目される新しいポリネーター

ミツバチは、たいへん優秀《ゆうしゅう》なポリネーターです。でも天気が悪かったり、気温が10度以下になったりすると活動しなくなります。そこで、ミツバチの代わりをする、助っ人昆虫《こんちゅう》が注目されています。

クロマルハナバチ　ナス、ピーマン、トマトのように、花蜜《かみつ》を出さない作物の受粉《じゅふん》はミツバチは苦手なのですが、マルハナバチは振動採餌《しんどうさいじ》とよばれる方法で、花粉《かふん》を集めます。振動採餌《しんどうさいじ》とは、花につかまり、胸《むね》の筋肉《きんにく》をふるわせて花粉《かふん》を落とし、腹面で受けて花粉《かふん》を集めるやりかたです。マルハナバチのなかまではこれまでセイヨウオオマルハナバチが利用されてきましたが、もともとはヨーロッパ原産の外来生物です。管理がわるい

クロマルハナバチ

ために施設《しせつ》外ににげ出して繁殖《はんしょく》し、とくに北海道で日本の在来種《ざいらいしゅ》と競合したり、雑種《ざつしゅ》をつくったりするなど問題となっています。

そのためセイヨウオオマルハナバチを利用するには、きびしい管理の条件《じょうけん》を守ることが求められたり、新たに飼《し》養《よう》することが認《みと》められなかったり、制限《せいげん》がされるようになりました。その代わりにすすめられているのが、日本在来種《ざいらいしゅ》のクロマルハナバチの利用です。

クロマルハナバチは、北海道や南西諸島《しょとう》をのぞく、ほぼ日本全国にいる日本在来種《ざいらいしゅ》です。体はセイヨウオオマルハナバチより小さいのですが、受粉能力《じゅふんのうりょく》にひけをとることはなく、性質《せいしつ》がおとなしいのが特徴《とくちょう》です。

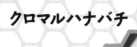

ただ北海道では別の在来種であるエゾオオマルハナバチがいるため、クロマルハナバチを利用することはさけられています。もし野外ににげ出して繁殖《はんしょく》すれば、日本在来種《ざいらいしゅ》とはいえ、セイヨウオオマルハナバチとおなじように、ハナバチと競合するからです（国内外来種問題という）。いま北海道では、在来種《ざいらいしゅ》のエゾオオマルハナバチを受粉《じゅふん》に利用しようと研究開発がすすめられています。

ハエ　もうひとつ注目されているポリネーターが、ヒロズキンバエというハエです。このハエは、もともとはマゴットセラピーという療法《りょうほう》に使われてきました。やけどや糖尿病《とうにょうびょう》で壊死《えし》したきず口に、幼虫《ようちゅう》（いわゆるウジ虫）をあてがって、死んだ組織《そしき》を食べさせることで、きず口が膿《う》んでひどくならないようにする療法《りょうほう》です。

　ヒロズキンバエの成虫はビーフライという商品名で、イチゴやマンゴーのハウス栽培《さいばい》で受粉《じゅふん》に利用されています。

ヒロズキンバエ

ミツバチに代わって、
ハウス栽培《さいばい》などではたらくビーフライ。

写真：株式会社ジャパンマゴットカンパニー

ミツバチより活動する気温のはばが広く、雨や曇《くも》りの日でも元気に活動します。イチゴの受粉《じゅふん》では、ミツバチが花が開ききるまえにやってきて、めしべをきずつけてしまい、実が不格好《かっこう》になることがあるのに対して、ハエは開花してからくるのできれいな実になるメリットもあります。

寿命《じゅみょう》が短く（1週間ほど）、長期間受粉《じゅふん》がひつような作物には向いていませんが、ミツバチが不活発な時期にピンチヒッターでがんばらせたり、ミツバチといっしょにはたらかせたりと、これからの助っ人として期待されています。

ますます注目されるミツバチ

ミツバチはただ人間によって利用されるだけではなく、長い年月をかけて、世界中に分布《ぶんぷ》を広げるという、生き物にとっての目的のひとつである、繁栄《はんえい》を得《え》ることができました。その過程《かてい》で、人間の生活にふかくかかわり、取り巻《ま》く自然環境《かんきょう》の保全《ほぜん》に寄与《きよ》してきました。

生物多様性条約《せいぶつたようせいじょうやく》という、国際《こくさい》的な条約《じょうやく》があります。1992年12月、ブラジルで開かれた国連環境《かんきょう》開発会議（地球サミット）で、個々《ここ》の生物や特定の地域《ちいき》だけではなく、地球規模《きぼ》で生物の多様性《たようせい》を守っていくことが話し合われ、その結果は翌年《よくとし》、生物多様性条約《せいぶつたようせいじょうやく》として発効《はっこう》されました。

生物の種や遺伝子《いでんし》の多様性《たようせい》を守っていくということは、その多様性《たようせい》から生態系《せいたいけい》サービスをもらうということです。生態系《せいたいけい》サービスは、いくつかにまとめられています。

1　食料、燃料《ねんりょう》などの資源《しげん》を生み出すサービス（供給《きょうきゅう》サービス）

2　水の浄化《じょうか》、災害《さいがい》防止《ぼうし》など快適《かいてき》な生活を調節してくれるサービス（調節サービス）

3　自然にふれる喜《よろこ》びなどの精神《せいしん》や文化を生み出させるサービス（文化的サービス）

4　1〜3をささえる、植物の光合成による酸素《さんそ》生産、有機物の生産など、生活の基盤《きばん》を提供《ていきょう》してくれるサービス（基盤《きばん》サービス）

ミツバチは、ハチミツや蜜《みつ》ろうなど生産物、そして作物の受粉《じゅふん》をしてくれるだけでなく、森林の生態系《せいたいけい》、樹木《じゅもく》を再生《さいせい》し、環境《かんきょう》の基盤《きばん》をととのえ、間接的《かんせつ》に心の安定、さらには文化を生み出す力も人間にあたえるなど、さまざまな生態系《せいたいけい》サービスにかかわっている生き物なのです。

とくに近年は効率《こうりつ》よく生産性《せいさんせい》を上げ、小さい面積で収益《しゅうえき》を上げることができるハウス栽培《さいばい》などの施設栽培《しせつさいばい》が注目されてきました。

そのおかげで食生活も豊《ゆた》かになり、イチゴ、キュウリ、ピーマンなどおなじみの果実や野菜が、一年をとおして食べられるようになりました。天候に左右されない施設栽培《しせつさいばい》はますますさかんになっていて、園芸農家の収入《しゅうにゅう》も、日本では、施設栽培《しせつさいばい》が露地栽培《ろじさいばい》の約3倍となっています。

野生のポリネーターが入りこむことができない、施設《しせつ》内という閉《と》ざされた空間で受粉《じゅふん》を担《にな》うミツバチは、これからもますます重要になってきています。温度、湿度《しつど》、二酸化炭素濃度《さんかたんそのうど》などをコンピューターで管理する、ハイテクのかたまりのような施設栽培《しせつさいばい》でも、受粉《じゅふん》はむかしとようにハチにたよっているのです。

●ミツバチの貢献

直接の生産物
ハチミツ、
ローヤルゼリー、
プロポリス、蜜ろう など
HONEY
鳥・昆虫・動物の
えさになる
ハチクマ、ハチクイ、
オオスズメバチ、
クマなどに
捕食される
自然環境を
つくる
人間に自然の
美しさや空気を
提供する
植物の受粉
人間や
動物の
食べものと
なる
果実、野菜など
草木の繁殖をささえる
人間の
衣類や
薬となる
動物たちの
すみ家となる
など

ミツバチの環境適応力《かんきょうてきおう》

IPBES（イプベス、121ページ）という政府間組織《せいふそしき》の報告《ほうこく》では、世界中で、2万種以上いるポリネーターのうち、ハチやチョウ類の40パーセント以上、せきつい動物の約16パーセントが絶滅《ぜつめつ》の危機《きき》にあり、1年に4万種もの生き物が絶滅《ぜつめつ》しつつあると推測《すいそく》されています。いまこのときも世界中で、人知れず絶滅《ぜつめつ》している生き物がたくさんいるのです。

なまえも知らない小さなハエ、クモがいなくなったって、それでなにか問題があるのかとおもうでしょうか。

むかし北アメリカでは、オオカミを密猟《みつりょう》で絶滅寸前《ぜつめつすんぜん》まで追い詰《つ》めました。するとオオカミが捕食《ほしょく》していた大型《おおがた》のシカやそのほかの草食獣《そうしょくじゅう》が増《ふ》えたことで、ほとんどの植物が食べ尽《つ》くされるまでになってしまいました。

また、中国では農業の生産をおびやかすといって、スズメが駆除《くじょ》されました。ところが昆虫《こんちゅう》を捕食《ほしょく》するスズメがいなくなったことで、ワタリバッタ、ヨコバイ、ハダニなどが急増《きゅうぞう》し、かえって農作物に大打撃《だげき》をあたえることになりました。

生き物は、ふくざつにつながり合った生命のネットワークをつくっています。どんな小さな生き物であっても、そのネットワークの一員です。ある生き物がいなくなったら、それにかかわっている生き物になにかが起こり、さらにその生き物にかかわる生き物になにかが起こるというように、ネットワークにひずみがつぎつぎと生まれてしまいます。この生命のネットワークは、なくして初めてたいせつさがわかり、なくしたらもとにもどせない、もどすことがたいへんなつながりなのです。

ミツバチも小さな虫なのですが、幸いなことに、人のそばでくらしています。そして近年の養蜂《ようほう》ブームで、自宅の庭、学校の校庭、都会のビルの屋上などでもミツバチを飼《か》う人が増《ふ》えて、注目されるようになってきました。

ミツバチは、人間に飼養《しよう》されながらも、花蜜《かみつ》、花粉《かふん》、水、巣材と、すべて自然に依存《いぞん》している生活をしていて、自然環境《かんきょう》の変化の影響《えいきょう》を受けます。

ミツバチは人とともに世界中に広がりました。それはミツバチが進化をへて、すばらしい環境適応能力《かんきょうてきおうのうりょく》を身につけてきたからです。この適応能力《てきおうのうりょく》を持つミツバチに異変《いへん》が起こるということは、自然環境《かんきょう》にどれだけの危機《きき》が起こることになるのでしょうか。

変わらずにある危機《きき》

寄生虫《きせいちゅう》やウイルスなどによる病気、農薬による危機《きき》、蜜源植物《みつげんしょくぶつ》の減少《げんしょう》など、ミツバチの脅威《きょうい》は変わらずにあります。さらに気候変動、異常気象《いじょうきしょう》、宅地《たくち》開発や森林伐採《ばっさい》による環境《かんきょう》の悪化、ミツバチの巣をおそうスズメバチ類や、ハチミツを狙《ねら》うクマの襲撃《しゅうげき》、そして人間による巣箱《すばこ》の盗難《とうなん》…ミツバチを取り巻《ま》く危機《きき》はたくさんあります。

日本では、「みつばちの日」がふたつあります。

ひとつは3月8日で、全日本はちみつ協同組合と日本養蜂《ようほう》はちみつ協会（現《げん》 日本養蜂《ようほう》協会）が、1985年に決めました。3＝みつ、8＝はちで、ミツバチという語呂《ごろ》合《あ》わせです。

もうひとつは5月20日で、2017年12月、国際《こくさい》デーとして国際連合《こくさいれんごう》が制定《せいてい》した「世界ミツバチの日」です。養蜂《ようほう》がさかんなスロベニアの提案《ていあん》で、スロベニアの近代養蜂《ようほう》の功労者の誕生日《たんじょうび》に由来して制定《せいてい》されました。

いずれの記念日も、植物の受粉《じゅふん》に貢献《こうけん》するミツバチなどの生き物が、生態系《せいたいけい》の中でどれだけ重要な役割《やくわり》をしているのかを認識《にんしき》したり、それらの生き物が直面している課題をかんがえたりすることを目的に制定《せいてい》されました。

ちなみに8月3日は、日本では8＝ハチ、3＝ミツでハチミツの日で、健康食品であるハチミツの魅力《みりょく》を広く知ってもらうことを目的として制定《せいてい》されています。

アメリカの生物学者レイチェル・カーソンは、1960年代にすでに著書《ちょしょ》『沈黙《ちんもく》の春』で、化学的に合成された農薬や殺虫剤《さっちゅうざい》が生き物の鳴き声がなくなる春をもたらし、野生のポリネーターが消えて、果実が実らない秋が来ることを警告《けいこく》しました。ミツバチたちがいなくなり、AIを搭載《とうさい》したロボットミツバチが受粉《じゅふん》をする世界なんか想像《そうぞう》したくないですね。

ミツバチたちの大きな役割《やくわり》をわすれないようにすることが、豊《ゆた》かな自然をずっと守る第一歩ではないでしょうか。

おもな参考資料（順不同）

「Declines of managed honey bees and beekeepers in Europe」Jounal of Apicultural Research

「History Of Beekeeping From Around 6000BC To Modern Times」

「Honey spreads around the world-Bee keeping」Karen Carr

「Honeybees Are Not"In Decline", But The Beekeeping Industry Does Face Challenges」Steven Savage Forbes

「How Beekeeping Works」Dave Roos HowStufWorks

「How much of the world's food production is dependent on pollinators?」hannah Ritchie Our World in Data 2021 8.2

「No, we aren't losing all of honeybees. And neonicotinoid seed coatings aren't driving their health problems-here's why」Jon Entine

「SOME ULTRASTRUCTURE OF THE HONEYBEE(PIS MELLIFERAL.)STING」H. SHING and H. ERICKSON

「The Complex Demographic Story and Evolutionary Origin of the Western Honey Bee, Apis Mellifera」Julie M. Cridland,Neil D. TsuTsui,and Santiago R. Ramirez

「THE DIVINE SPIRIT OF BEES.A NOTE ON HONEY AND THE ORIGINS OF YEAST-DRIVEN FERMENTATION」Lorenzo Nigro,Teresa Rinaldi

「The German bee monitoring projest : a long term study to understand periodically winter losses of honey bee colonies」Elke Genersch, Werner von Der Ohe, hannes Kaatz, Annette Schroeder, Christoph Otten, Ralph Büchler, Stefan Berg, Wolfgang Ritter, Werner Mühlen, Sebastian Gisder, et al.

「The number of beehives in countries around the world」the Food and Agricultural Organisation of the United Nations

「The origin and distribution of honey bees」Peter Borst

「The status of Honey in Italy:Results from the Nationwide Bee Monitoring Network」Claudio Porrini, Franco Mutinelli, Laura Bortolotti, Anna Gradato, Lynn Laurenson, Katherine Roberts, Albino Gallina, Nicholas Silvester, Piotr Medrzycki,Teresa Renzi, Fabio Sgolastra, Marco Lodesani

「United States Honey Bee Colony Losses 2020-2021」BEE INFORMED PARTNERSHIP

「What Are Prairie Strips?」IOWA STATE UNIVERSITY

「What is lost wax casting? History of Art」Karen Carr

「What Would happen if All the Bees Went Extinct?」AC Shilto

著者　**有沢重雄**（ありさわしげお）

1953年高知県生まれ。出版社、編集プロダクション勤務を経て独立。自然科学分野を中心にライティング、編集に携わる。著書に『自由研究図鑑』『校庭のざっ草』（福音館書店）、『せんせい！これなあに？　全6巻』（偕成社）、『花と葉で見わける野草』（小学館）、『生き物対決スタジアム全4巻』（旬報社）、『だれの手がた・足がた？』『だれのうんち？』『つれてこられただけなのに　外来生物の言い分をきく』（偕成社）など多数。

監修　**中村純**（なかむらじゅん）

1958年岐阜県生まれ。玉川大学名誉教授。農学博士。専門は養蜂学。2024年3月まで玉川大学農学部およびミツバチ科学研究センター教授を務める。ミツバチの生態、資源利用について幅広く研究。

写真：PIXTA

もしもミツバチが世界から消えてしまったら

二〇二四年六月一五日　初版第一刷発行

著者……………有沢重雄
監修……………中村 純
ブックデザイン……宮脇宗平
イラスト…………ウエタケヨーコ
編集担当…………熊谷 満
発行者……………木内洋育
発行所……………株式会社旬報社
〒一六二－〇〇四一
東京都新宿区早稲田鶴巻町五四四　中川ビル四階
TEL 03-5579-8973　FAX 03-5579-8975
HP https://www.junposha.com/
印刷製本…………シナノ印刷株式会社

ISBN978-4-8451-1911-0